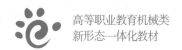

高等职业教育机械类
新形态一体化教材

机械设计基础

主编
牟红霞 吕震宇

U0302263

机械基础类
引领系列

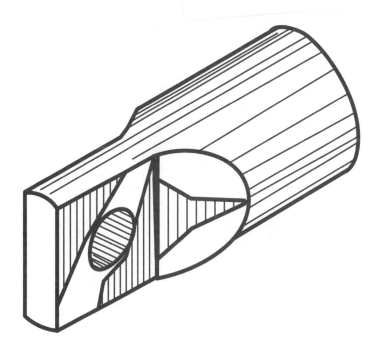

高等教育出版社·北京

内容摘要

　　本书是根据机械制造及其自动化相关专业的"机械设计基础"课程教学基本要求,并结合近几年高等职业教育课程改革和发展的实际情况编写而成的。全书共分为5个项目,具体内容为:机构的认识与表达、常用机构、常用机械传动装置、支承零部件、常用机械连接装置。

　　本书可作为高等职业教育机械类、机电类及近机械类各相关专业"机械设计基础"课程教材,也可作为相关工程技术人员的自学用书和参考书。

　　本书在重、难知识点配有二维码资源、可供学生随扫随学。授课教师如需本书配套的教学课件,可发送邮件至邮箱 gzjx@pub.hep.cn 索取。

图书在版编目(CIP)数据

　　机械设计基础 / 牟红霞,吕震宇主编 .-- 北京:高等教育出版社,2021.5
　　ISBN 978-7-04-055439-7

　　Ⅰ.①机… Ⅱ.①牟… ②吕… Ⅲ.①机械设计—高等职业教育—教材 Ⅳ.①TH122

　　中国版本图书馆 CIP 数据核字(2021)第026117号

机械设计基础
JIXIE SHEJI JICHU

策划编辑	张 璋	责任编辑	张 璋	封面设计	张志奇	版式设计	张 杰
插图绘制	于 博	责任校对	刘娟娟	责任印制	刘思涵		

出版发行	高等教育出版社	网　　址	http://www.hep.edu.cn	
社　　址	北京市西城区德外大街 4 号		http://www.hep.com.cn	
邮政编码	100120	网上订购	http://www.hepmall.com.cn	
印　　刷	佳兴达印刷(天津)有限公司		http://www.hepmall.com	
开　　本	787mm×1092mm　1/16		http://www.hepmall.cn	
印　　张	13.5			
字　　数	290 千字	版　　次	2021 年 5 月第 1 版	
购书热线	010-58581118	印　　次	2021 年 5 月第 1 次印刷	
咨询电话	400-810-0598	定　　价	38.80 元	

配套资源索引

配套资源索引

续表

续表

Ⅲ 前言

近年来我国高等职业教育教学理念的更新和人才培养模式的转变推动了课程的教学改革。纸质教材与在线资源一体化设计是职业教育信息化背景下扩展教学手段、推动教学方式改革的重要途径。本书是山东省精品资源共享课程"机械设计基础"的配套教材，是在总结多年教学实践经验，以及课程建设实际成果的基础上编写而成的。

本书根据高职学生特点，从培养学生基本的机械使用、维护能力和初步的机械设计能力入手，对课程体系和教学内容进行了重新构建，主要有以下特点和创新点：

（1）在内容的选取上，弱化理论分析，淡化公式推导，强化工程应用。

（2）在内容的组织上，按照学生的认知规律，以学习任务为载体，通过项目导向、任务驱动等表现形式，系统化地构建课程知识体系，碎片化地构建课程内容。

（3）通过二维码动画，形象化地展示机构组成、工作原理等内容，将抽象知识形象化、复杂问题简单化。

（4）通过"智慧职教"学习平台，搭建"线上＋线下"混合式教学模式的实现途径，可实现学生的自主学习和互动式学习。

参加本书编写的有：山东职业学院牟红霞（项目1、项目3的3.1~3.3、项目5的5.4），吕震宇（项目4），张玉静（项目2、项目5的5.5），刘赛堂（项目3的3.4~3.5），郭修奎（项目5的5.1~5.3）。牟红霞、吕震宇任主编，张玉静、刘赛堂、郭修奎任副主编。

山东职业学院李新华教授审阅了本书，并提出了许多宝贵意见。在编写过程中，参考了《机械设计手册》《机械工程标准手册》《机械设计》等相关书籍，对此一并深表谢意。

本书可作为高职院校机械及相关专业学生的课程用书和企业工程技术人员的培训用书，参考学时为60~80课时。

本书在编写结构、编写内容等方面进行了大胆的探索，难免存在一些不足、错误和缺陷，恳请读者提出批评指正意见。

编　者

2020 年 5 月

▌目录

项目 1　机构的认知与表达

子任务 1.1.1　认识机器

学习目标

学会描述机器的四大组成部分及其作用。

微课
机构的认知

知识准备

一、机器的特征

从古代的杠杆、滑轮，到近代的汽车、轮船，现代的机器人、航天器，机器不断更新换代，在生产力发展中一直扮演着重要角色。

机器种类繁多，结构形式和用途也各不相同，但总的来说，机器具有以下三个典型的基本特征：

① 都是人为的实物组合。

② 各运动单元之间具有确定的相对运动。

③ 能代替或减轻人类的劳动，完成有用的机械功或能量的转换。

如图 1.1.1 所示为单缸四冲程内燃机。它由气缸体、活塞、连杆、曲轴、进气阀、排气阀、曲柄、凸轮、气门挺杆、齿轮等组成。

燃料在气缸体 1 内燃烧膨胀做功，驱动活塞 2 向下移动，经连杆 3 带动曲轴 4 转动。曲轴通过一对正时齿轮 5 和 6，带动凸轮 7 和气门挺杆 8 运动，以控制进、排气阀相对活塞的移动，实现定时启闭。通过燃气在气缸内的进气—压缩—做功—排气过程，将燃料燃烧产生的热能转变为曲轴转动的机械能。

二、机器的组成

一部完整的机器就其基本组成来讲，一般都有如下三个基本组成部分，如图 1.1.2 所示。

1. 原动机部分

原动机部分是驱动整个机器的动力源，常用的原动机有电动机、内燃机及液压机等。

2. 工作机部分

工作机部分处于整个机器传动路线的终端，是工作任务的执行部分，如起重机的吊钩、车床的刀架、磨床的砂轮等。

动画
单缸内燃机

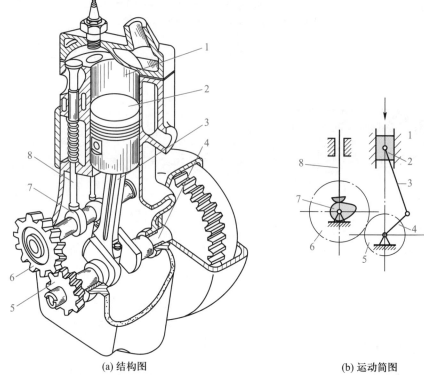

图 1.1.1
单缸内燃机

(a) 结构图 　　　　　　　　　　　　　　　(b) 运动简图

1—汽缸体；2—活塞；3—连杆；4—曲轴；5、6—正时齿轮；7—凸轮；8—气门挺杆

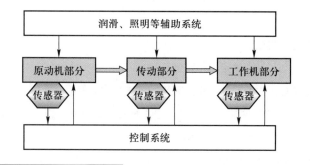

图 1.1.2
机器的组成

3. 传动部分

　　传动部分介于原动机与工作机之间，用于完成运动和动力的转换。利用它可以调速、改变转矩、改变运动形式等，以满足执行部分的工作需要，如机床变速箱、带传动等。

　　较复杂的机器还包括控制系统（如制动器）、润滑和照明等辅助系统。

子任务 1.1.2　认识机构

学习目标

1. 熟悉机构的特征。

2. 掌握零件与构件的区别和联系。

 知识准备

一、机构的特征

为了便于研究机器的工作原理，通常将机器看作是由若干机构组成的。机构仅具备机器的前两个特征。它常在机器中起到传递运动和动力，以及改变运动形式和运动方向的作用。如图 1.1.1 所示，齿轮机构将曲轴的转动传递给凸轮机构，凸轮机构将凸轮轴的转动变换为气门挺杆的直线运动。但从运动的观点来看，机器与机构并无差别，工程上将机构和机器统称为"机械"。

二、零件与构件

1. 零件

零件是组成机器的最小制造单元。它分为两类：一类是通用零件，是各种机器中经常使用的零件，如螺栓、螺母等；另一类是专用零件，是仅在特定类型机器中使用的零件，如活塞、曲轴等。

2. 构件

构件是机器中最基本的运动单元。它可以是单一零件，如内燃机的曲轴（图 1.1.1）；也可以是多个零件的刚性组合体，如内燃机的连杆（图 1.1.3）。

 动画
连杆构件

图 1.1.3
连杆构件

 做一做

1. 机器中的最小制造单元称为（　　　）。

　　A. 零件　　　　　　　B. 构件　　　　　　C. 机构　　　　　　D. 部件

2. 机器中最基本的运动单元称为（　　　）。

　　A. 零件　　　　　　　B. 部件　　　　　　C. 机构　　　　　　D. 构件

3. 在图 1.1.4 中，序号 5、6 所示部分属于（　　　）。

　　A. 原动机部分　　　　　　　　　　B. 传动部分

　　C. 控制系统　　　　　　　　　　　D. 工作机部分

4. 机器的基本特征有哪三个？

5. 构件与零件有何区别？

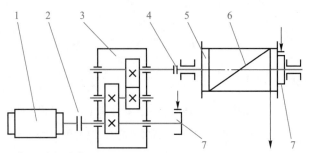

图 1.1.4
卷扬机传动示意图

1—电动机；2、4—联轴器；3—齿轮传动；5—卷筒；6—钢丝绳；7—制动器

实践与拓展

试从用途、功能及组成三个方面简述你熟悉的某一机器。

微课
机构的表达

任务 1.2　机构的表达

子任务 1.2.1　机构的组成分析

学习目标

1. 熟悉运动副的分类。
2. 熟悉构件的分类。

知识准备

组成机构的各构件在同一平面或相互平行的平面内运动的机构称为平面机构，否则就称为空间机构。平面机构是由做平面运动的构件和运动副组成的。本书仅讨论平面机构。

微课
运动副及约束

一、运动副及其分类

（一）运动副

为实现机构的各种功能，各构件间应以一定的方式连接起来，并且具有确定的相对运动。使两构件直接接触并能产生一定相对运动的连接，称为运动副。如图 1.2.1（a）～（c）所示的铰链连接、滑块与导轨、相互啮合的轮齿都构成了运动副。构件上参与接触的点、线、面称为运动副的元素。

（二）运动副的分类

根据运动副各构件之间的相对运动是平面运动还是空间运动，可将运动副分成平面运动副和空间运动副。平面机构的运动副称为平面运动副。根据运动副接触形式的不同，平面运动副可分为低副和高副两大类。

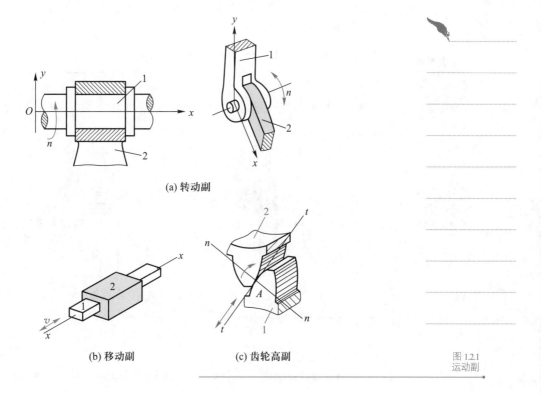

(a) 转动副

(b) 移动副　　　　(c) 齿轮高副

图 1.2.1
运动副

1. 低副

两构件通过面接触构成的运动副称为低副。根据构成低副的两构件间相对运动形式的不同，可将平面低副分为转动副和移动副。

（1）转动副。两构件间只能产生相对转动的运动副称为转动副，也称铰链，如图 1.2.1（a）所示。

（2）移动副。两构件间只能产生相对移动的运动副称为移动副，如图 1.2.1（b）所示。

2. 高副

两构件以点或线接触而构成的运动副称为高副。如图 1.2.1（c）所示的轮齿 1 与轮齿 2，图 1.2.2（a）所示的车轮 1 与钢轨 2 在 A 接触处构成线接触；如图 1.2.2（b）所示的推杆 1 与凸轮 2 在 A 接触处构成点接触，均为高副。

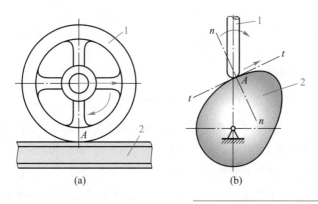

(a)　　　　　　　(b)

图 1.2.2
高副

微课
运动链及机构

二、构件的分类

机构中的构件可分为机架、主动件和从动件三类。

1. 机架

机架是机构中固定不动的构件，如图 1.2.3 所示的唧筒 3。机构中必须且只能有一个机架。

动画
抽水唧筒

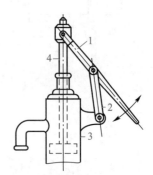

1—摇杆；2—连杆；3—唧筒；4—活塞导杆

图 1.2.3
抽水唧筒

2. 主动件

机构中输入运动的构件称为主动件，如图 1.2.3 所示的摇杆 1。机构中必须有一个或几个构件为主动件。现代机械中的主动件通常接受电动机提供的原动力。

3. 从动件

从动件是机构中随主动件而运动的可动构件，如图 1.2.3 所示的构件 2 和 4 都是从动件。当从动件输出运动或实现机构功能时，便称其为输出构件或执行件。

子任务 1.2.2　机构运动简图的绘制

 学习目标

1. 熟悉机构运动简图的概念。
2. 学会绘制机构运动简图。

 知识准备

一、机构运动简图的概念

机构的真实外形和具体结构一般都比较复杂。在研究机构运动时，为了使问题简化，常常撇开那些与运动无关的因素（如构件的外形和运动副的具体结构等），而仅用规定的简单线条和符号来表示构件和运动副，并按比例定出各运动副的相对位置。这种表示机构中各构件间的相对运动关系的简单图形，称为机构的运动简图。

不按比例绘制，仅用规定的线条和符号表示各构件间的相对运动关系的简图，称为机构示意图。

二、机构运动简图的绘制

1. 构件的表示方法

微课
运动副及构件
的表示方法

　　构件常用直线或小方块等来表示，如图 1.2.4 所示。画有箭头的构件表示主动件，画有斜线的构件表示机架。

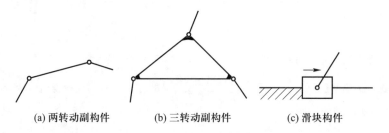

(a) 两转动副构件　　　**(b) 三转动副构件**　　　**(c) 滑块构件**

图 1.2.4
构件的表示方法

2. 运动副的表示方法

　　（1）转动副的表示方法。转动副的表示方法如图 1.2.5 所示，图中圆圈表示转动副，圆心表示回转轴线。当一个构件参与多个转动副时，应在两条线交接处涂黑或在构件内画上斜线，如图 1.2.5（b）所示。

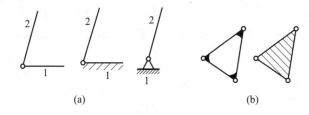

(a)　　　　　　　　　　　(b)

图 1.2.5
转动副的表示方法

　　（2）移动副的表示方法。两构件组成移动副的表示方法如图 1.2.6 所示，移动副的导路必须与相对移动方向一致。

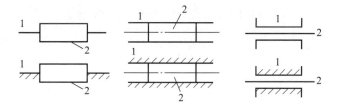

图 1.2.6
移动副的表示方法

　　（3）高副的表示方法。平面高副直接用接触处的曲线轮廓表示。对于凸轮、滚子，习惯上画出其全部轮廓，如图 1.2.7（a）所示；对于齿轮，常用点画线画出其节圆，如图 1.2.7（b）所示。

　　其他机构运动简图的常用符号参见 GB/T 4460—2013。

3. 机构运动简图的绘制步骤

微课
机构运动简图
的绘制步骤

　　① 分析机构的组成，明确机架、主动件和从动件。

　　② 分析机构的运动情况。从主动件开始，遵循运动传递路线，分析构件间的运动形式，并确定运动副的种类及数目。

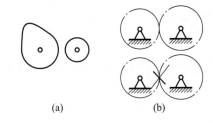

图 1.2.7
高副的表示方法

③ 选择视图平面。通常选择与构件运动平行的平面作为投影面。

④ 选择适当的比例尺，$\mu_L = \dfrac{\text{构件的实际长度}}{\text{构件的图示长度}}$；用规定的符号和线条绘出机构运动简图，并用箭头注明主动件。

【例 1.2.1】 绘制如图 1.2.3 所示抽水唧筒的机构运动简图。

解：（1）分析机构的组成，确定机架、主动件、从动件。唧筒 3 是机架，摇杆 1 是主动件，活塞导杆 4、连杆 2 是从动件。

（2）分析机构的运动情况。摇杆 1 与活塞导杆 4 形成转动副，活塞导杆 4 在唧筒 3 中上下移动，形成移动副；摇杆 1 与连杆 2 形成转动副，连杆 2 与唧筒 3 形成转动副。

（3）选择视图平面。选择摇杆 1 的工作平面作为正投影面，确定各运动副的相对位置。

（4）选择适当的比例尺，用规定的符号和线条绘出机构运动简图，并在摇杆 1（主动件）上标注箭头，如图 1.2.8 所示。

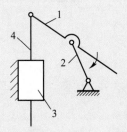

图 1.2.8
抽水唧筒的机构运动简图

1—摇杆；2—连杆；3—唧筒；4—活塞导杆

 做一做

1. 若两构件组成低副，则其接触形式为（　　　）。

　　A. 面接触　　　　　B. 点或线接触　　　　C. 点或面接触　　　　D. 线或面接触

2. 若两构件组成高副，则其接触形式为（　　　）。

　　A. 线或面接触　　　B. 面接触　　　　　　C. 点或面接触　　　　D. 点或线接触

3. 若组成运动副的两构件间的相对运动是移动，则称这种运动副为（　　　）。

　　A. 转动副　　　　　B. 移动副　　　　　　C. 球面副　　　　　　D. 螺旋副

4. 如图 1.2.9 所示为一机构模型，其对应的机构运动简图为（　　　）。

　　A. 图（a）　　　　　B. 图（b）　　　　　　C. 图（c）　　　　　　D. 图（d）

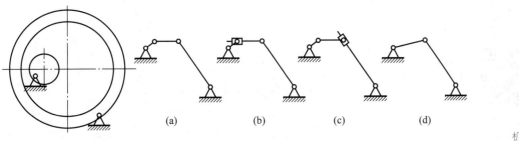

图 1.2.9
机构模型

实践与拓展

绘制如图 1.2.10 所示飞剪机构的机构运动简图。

动画
飞剪机构

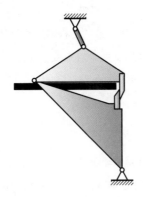

图 1.2.10
飞剪机构

任务 1.3　机构自由度的计算

子任务 1.3.1　机构自由度的计算

学习目标

1. 掌握机构自由度的定义。
2. 学会处理复合铰链、局部自由度、虚约束等特殊情况，并能够计算机构的自由度。

知识准备

一、自由度的定义

　　一个做平面运动的自由构件具有三个独立的运动，如图 1.3.1 所示，即构件 1 在 xOy 平面内可沿 x 轴和 y 轴移动以及绕任意点转动。构件独立运动的数目称为自由度。因此，一个做平面运动的自由构件具有三个自由度。

动画
单个构件的
自由度

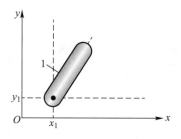

图 1.3.1
单个构件的自由度

当构件与构件间用运动副连接后,构件的某些独立运动会受到限制,从而使其自由度减少,这种限制称为约束。每引入一个约束,构件的自由度就减少一个。运动副的类型不同,引入的约束数目也不同。

低副引入两个约束,使构件保留一个自由度。如图 1.2.1(a)所示的转动副使构件 1 沿 x 和 y 方向的移动受到限制,只能与构件 2 在平面内做相对转动;如图 1.2.1(b)所示移动副使构件 1 在平面内的转动和沿 y 方向的移动受到限制,只能沿 x 方向做轴向移动。

高副引入一个约束,使构件保留两个自由度。如图 1.2.1(c)所示的齿轮高副中,构件 2 可以相对于构件 1 沿切线 t—t 方向移动,绕垂直于其平面的轴转动,但在其接触点法线 n—n 方向的运动则受到约束。

微课
平面机构自由
度的计算

二、平面机构的自由度

设一个平面机构由 N 个构件组成,其中一个构件为机架,则活动构件数 $n=N-1$。n 个活动构件应该有 $3n$ 个自由度,但当构件用运动副连接组成机构后,会引入约束,机构自由度会减少。如果机构中引入了 P_L 个低副、P_H 个高副,则该机构的自由度为

$$F=3n-2P_L-P_H$$

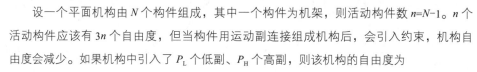

【例 1.3.1】 求如图 1.2.8 所示抽水唧筒机构的自由度。

解:该机构的活动构件数 $n=3$,转动副数为 3,移动副数为 1,即 $P_L=4$,$P_H=0$,故

$$F=3n-2P_L-P_H=3\times3-2\times4-0=1$$

三、计算机构的自由度时应注意的问题

微课
计算机构的自
由度时应注意
的问题

1. 复合铰链

两个以上的构件在一处共用同一转动轴线所构成的转动副称为复合铰链。如图 1.3.2 所示为由三个构件组成的复合铰链。当 m 个构件通过同一转动轴线形成复合铰链时,将构成($m-1$)个转动副。

动画
复合铰链

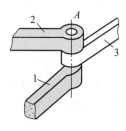

图 1.3.2
复合铰链

2. 局部自由度

不影响整个机构运动的局部独立运动称为局部自由度。在计算机构自由度时，应将局部自由度去除。

如图 1.3.3（a）所示的凸轮机构，滚子绕其自身轴线的转动不影响其他构件的运动，构成了局部自由度。计算机构自由度时应假设将滚子和从动件焊接在一起，消除局部自由度，如图 1.3.3（b）所示。则该机构的活动构件数 $n=2$，低副数 $P_L=2$，高副数 $P_H=1$，其自由度为

$$F=3n-2P_L-P_H=3\times 2-2\times 2-1\times 1=1$$

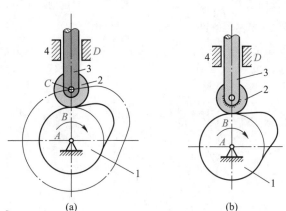

1—凸轮；2—滚子；3—连杆；4—机架

图 1.3.3
凸轮机构的局部自由度

3. 虚约束

对运动不起独立限制作用的约束称为虚约束。在计算自由度时，应先将虚约束去掉。

虚约束常出现在下列情况下：

（1）运动轨迹重合。如图 1.3.4（a）所示的平行四边形机构，连接构件 5 上 E 点和 F 点的轨迹分别与连杆 BC 和 AD 上 E、F 点的轨迹重合。将杆 EF 上 E、F 点处的约束视为虚约束，在计算自由度时按图 1.3.4（b）处理。

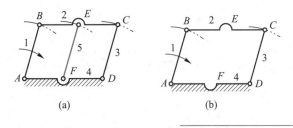

图 1.3.4
运动轨迹重合引入虚约束

（2）重复移动副。当两构件构成多个导路互相平行或重合的移动副时，只算一个移动副导路，如图 1.3.5 所示。

（3）重复转动副。当两构件间在几处构成转动副且各转动副的轴线重合时，只能算一个转动副，其余为虚约束。如图 1.3.6 所示，齿轮 1 和齿轮 2 左侧（或右侧）的转动副均为虚约束。

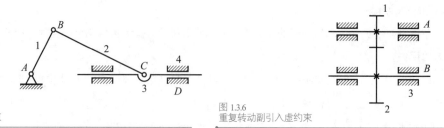

图 1.3.5
重复移动副引入虚约束

图 1.3.6
重复转动副引入虚约束

（4）重复高副。如图 1.3.7 所示的轮系，中心轮 1 通过三个对称布置的小齿轮（行星轮）2、2′ 和 2″ 驱动内齿轮 3。其中小齿轮 2′ 和 2″ 引入的高副对传递运动不起独立作用，均为虚约束。使用三个行星轮的目的在于使机构受力均匀。

虚约束虽不影响机构的运动，但能增加机构的刚性，改善受力情况，因而被广泛采用。

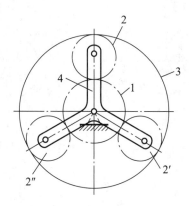

1—中心轮；2、2′、2″—小齿轮；3—内齿轮

图 1.3.7
差动齿轮系

【例 1.3.2】 计算如图 1.3.8 所示惯性筛机构的自由度。

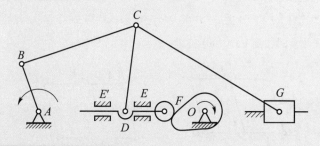

图 1.3.8
惯性筛机构

解：（1）判断机构中有无三种特殊情况。C 处是复合铰链；滚子 F 处有一个局部自由度；E 和 E' 为由两个构件组成的两个导路重合的移动副，其中之一为虚约束。

（2）计算自由度。该机构的活动构件数 $n=7$，低副数 $P_L=9$（7 个转动副和 2 个移动副），高副数 $P_H=1$，则其自由度为

$$F=3n-2P_L-P_H=3\times 7-2\times 9-1\times 1=2$$

子任务 1.3.2　机构具有确定运动的条件

微课
机构具有确定
运动的条件

 学习目标

学会判别机构是否具有确定运动。

 知识准备

以如图 1.3.9 所示的三种简单机构为例，计算机构的自由度。

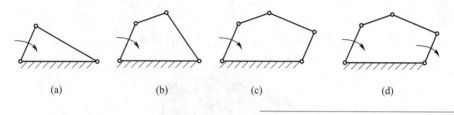

(a)　　　　　(b)　　　　　(c)　　　　　(d)

图 1.3.9
三种简单机构

如图 1.3.9（a）所示为三角形桁架，其自由度为

$$F=3n-2P_L-P_H=3\times2-2\times3=0$$

该三角形桁架的自由度为 0，不能运动。若添加原动力，该桁架必遭破坏。

如图 1.3.9（b）所示为四杆机构，其自由度为

$$F=3n-2P_L-P_H=3\times3-2\times4=1$$

该四杆机构的自由度为 1，在一个主动件的带动下，机构运动确定。

图 1.3.9（c）（d）为五杆机构，其自由度为

$$F=3n-2P_L-P_H=3\times4-2\times5=2$$

该五杆机构的自由度为 2。若只有一个主动件，则机构的运动并不确定；若有两个主动件，则机构的运动确定。

由上述分析可知，机构具有确定运动的条件是：自由度 $F>0$，且机构主动件的数目等于机构的自由度。

 做一做

1. 机构具有确定相对运动的条件是（　　　）。

　　A. 机构的自由度数目等于主动件数目

　　B. 机构的自由度数目大于主动件数目

　　C. 机构的自由度数目小于主动件数目

　　D. 机构的自由度数目大于或等于主动件数目

2. 由 m 个构件组成的复合铰链所包含的转动副个数为（　　　）。

　　A. 1　　　　　　　　B. $m-1$　　　　　　　　C. m　　　　　　　　D. $m+1$

3. 计算如图 1.3.10 所示机构的自由度。

4. 判断如图 1.3.8 所示惯性筛机构的运动是否确定。

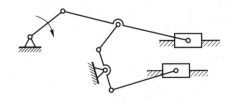

图 1.3.10

实践与拓展

分析如图 1.3.11 所示椭圆规机构的工作原理，绘制其机构运动简图并计算自由度。

动画
椭圆规机构

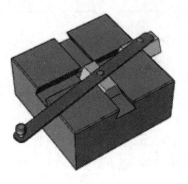

图 1.3.11
椭圆规机构

项目2 常用机构

子任务 2.1.1　铰链四杆机构的分类及判别

学习目标

1. 认识铰链四杆机构的基本形式。
2. 能判别铰链四杆机构的类型。

知识准备

一、铰链四杆机构的分类

平面连杆机构是由若干个构件通过低副连接而成的机构。由四个构件通过低副连接而成的平面连杆机构称为平面四杆机构。构件间的所有低副都是转动副的平面四杆机构称为铰链四杆机构。它是平面四杆机构的最基本形式，其他形式的平面四杆机构都可看作是在它的基础上演化而成的。

微课
铰链四杆机构的基本形式

如图 2.1.1 所示的铰链四杆机构，固定不动的杆 4 为机架。与机架相连的杆 1 和杆 3 称为连架杆，其中能做整周回转的连架杆称为曲柄，只能在小于 360° 的范围内摆动的连架杆称为摇杆。连接两连架杆的杆 2 称为连杆。

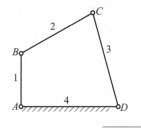

动画
铰链四杆机构

图 2.1.1
铰链四杆机构

铰链四杆机构按连架杆运动情况不同，可以分为以下三种基本形式。

1. 曲柄摇杆机构

两连架杆中一个为曲柄，另一个为摇杆的铰链四杆机构称为曲柄摇杆机构，如图 2.1.2 所示。

如图 2.1.3 所示为雷达天线俯仰机构，主动件 1 为曲柄，其转动时，与摇杆 3 固结的抛物面天线做一定角度的摆动，以调整天线的俯仰角度。

项目 2　常用机构

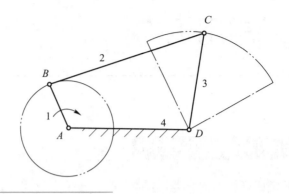

图 2.1.2
曲柄摇杆机构

动画
雷达天线仰俯
机构

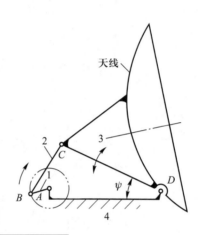

图 2.1.3
雷达天线仰俯机构

2. 双曲柄机构

　　两个连架杆均为曲柄的铰链四杆机构，称为双曲柄机构，如图 2.1.4 所示。如果两曲柄的长度相等，且连杆与机架的长度也相等，则称为平行双曲柄机构。此时，两曲柄的角速度始终保持相等，如图 2.1.5 所示的机车车轮联动机构。

动画
双曲柄机构

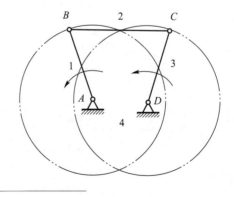

图 2.1.4
双曲柄机构

3. 双摇杆机构

　　如图 2.1.6 所示，两连架杆均为摇杆的铰链四杆机构，称为双摇杆机构。在图 2.1.7 所示的鹤式起重机中，主动件连架杆 1 摆动时，连架杆 3 也随着摆动，连杆 2 上 E 点的轨迹近似为水平直线，使该点所吊重物做水平移动。

16

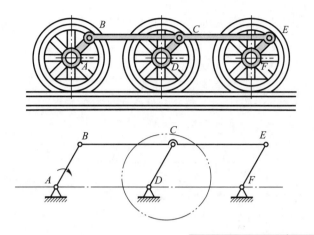

图 2.1.5
机车车轮联动机构

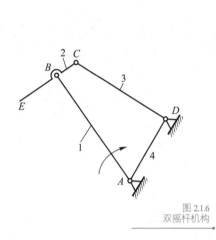

图 2.1.6
双摇杆机构

动画
鹤式起重机

图 2.1.7
鹤式起重机

二、铰链四杆机构基本类型的判别

1. 曲柄存在的条件

如图 2.1.8（a）所示，在铰链四杆机构中，各杆的长度分别为 a、b、c、d。若构件 1 为曲柄，其回转过程中必有两次与机架共线，如图 2.1.8（b）（c）所示。根据三角形任意两边之和必大于第三边的定理可得：

在图 2.1.8（b）中 $a+d<b+c$

在图 2.1.8（c）中 $d-a+c>b$，即 $a+b<c+d$

$d-a+b>c$，即 $a+c<b+d$

若运动过程中出现图 2.1.9 所示的共线情况时，上述不等式变成等式，即

$$\left.\begin{array}{l} a+d\leqslant b+c \\ a+b\leqslant d+c \\ a+c\leqslant d+b \end{array}\right\}$$

将以上三式中的任意两式相加，可得

$$a\leqslant b, \quad a\leqslant c, \quad a\leqslant d$$

即曲柄 AB 必为最短杆，则曲柄存在的条件为：

① 最长杆与最短杆的长度之和小于或等于其他两杆的长度之和（称为杆长和条件）。

② 连架杆与机架两构件中有一个是最短杆。

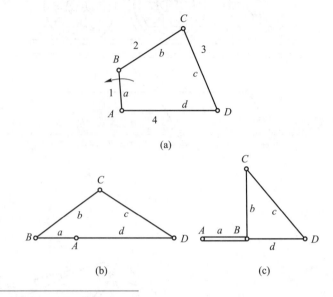

(a)

(b)   (c)

图 2.1.8
铰链四杆机构的运动过程

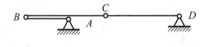

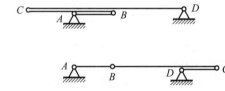

图 2.1.9
运动中可能出现的共线情况

2. 铰链四杆机构基本类型的判别方法

满足杆长和条件时，取不同的构件做机架，可得到不同类型的铰链四杆机构：

① 最短杆为机架时得到双曲柄机构。

② 最短杆为连架杆时得到曲柄摇杆机构。

③ 最短杆为连杆时得到双摇杆机构。

不满足杆长和条件时，只能得到双摇杆机构。

子任务 2.1.2　铰链四杆机构的演化

微课
铰链四杆机构
的演化

学习目标

1. 熟悉铰链四杆机构常见的演化类型。

2. 熟悉曲构滑块机构的运动特性及应用。

知识准备

在生产实践中，通常需要采用多种不同结构形式和特性的四杆机构，这些四杆机构可以看作是在铰链四杆机构的基础上演化而来的。

一、曲柄滑块机构

如图 2.1.10（a）所示的曲柄摇杆机构，铰链 C 的轨迹是以 D 为圆心、CD 为半径的圆弧。若将 CD 做成滑块，并使其沿圆弧导轨移动，则机构演化为曲线导轨的曲柄滑块机构，如图 2.1.10（b）所示。若将曲线导轨的半径增加为无限大，则 C 点的轨迹变成直线，曲柄摇杆机构演化为曲柄滑块机构，如图 2.1.10（c）所示。

动画
曲柄滑块机构的演化过程

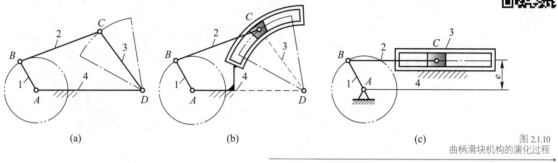

(a)　　　　　　　　　(b)　　　　　　　　　(c)

图 2.1.10
曲柄滑块机构的演化过程

曲柄转动中心 A 至滑块导轨的距离 e，称为偏距。若 $e=0$，则称为对心曲柄滑块机构，如图 2.1.11（a）所示；若 $e\neq0$，则称为偏置曲柄滑块机构，如图 2.1.11（b）所示。

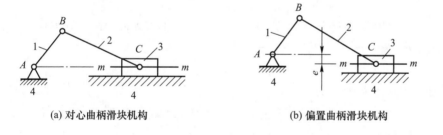

(a) 对心曲柄滑块机构　　　　　　　(b) 偏置曲柄滑块机构

图 2.1.11
曲柄滑块机构

二、导杆机构

在曲柄滑块机构中，当取不同的构件作为机架时，机构呈现出不同的运动特点。

1. 转动导杆机构和摆动导杆机构

如图 2.1.12（a）所示的曲柄滑块机构，当取杆 1 为机架时，机构演化为如图 2.1.12（b）所示的导杆机构，其中与滑块组成移动副的长杆 4 称为导杆。若杆长 $l_1<l_2$，则杆 2 整周回转时，杆 4 也整周回转，这种导杆机构称为转动导杆机构，如图 2.1.13（a）所示的小型刨床机构。若 $l_1>l_2$，则杆 2 整周回转时，杆 4 往复摆动，称为摆动导杆机构，如图 2.1.13（b）所示的牛头刨床机构。

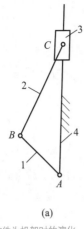
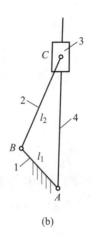
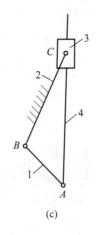
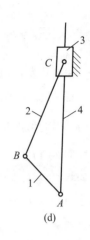

(a)　　　　　(b)　　　　　(c)　　　　　(d)

图 2.1.12
曲柄滑块机构取不同的构件为机架时的演化

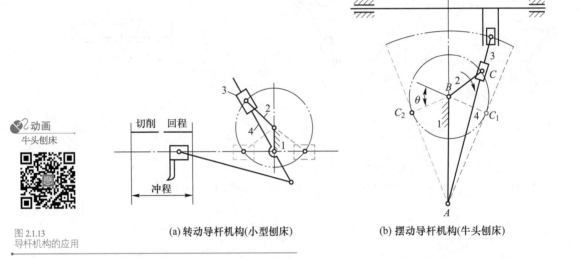

(a) 转动导杆机构(小型刨床)　　　(b) 摆动导杆机构(牛头刨床)

图 2.1.13
导杆机构的应用

2. 曲柄摇块机构

　　如图 2.1.12（a）所示的曲柄滑块机构，若取杆 2 为机架，则演化为如图 2.1.12（c）所示的曲柄摇块机构。该机构中杆 1 绕 B 点整周回转时，杆 4 相对滑块 3 移动，并与滑块 3 一起绕 C 点摆动。如图 2.1.14 所示为翻斗车车厢自动翻转卸料机构，车身 2 为机架，主动件是活塞导杆 4，液压缸 3 是摇块，车厢 1 的 AB 是曲柄。液压缸进出液压油，通过活塞导杆往复移动，控制车厢翻起、放回。

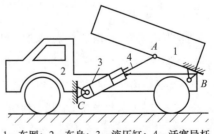

1—车厢；2—车身；3—液压缸；4—活塞导杆

图 2.1.14
自动翻转卸料机构

3. 移动导杆机构

如图 2.1.12（a）所示的曲柄滑块机构，若取滑块 3 为机架，则演化为移动导杆机构，如图 2.1.12（d）所示。常用的抽水唧筒是其应用实例，如图 1.2.3 所示，唧筒 3 为机架，摇动摇杆 1，使活塞导杆 4 上下移动，即可实现抽水动作。

三、双滑块机构

双滑块机构是具有两个移动副的四杆机构，如图 2.1.15 所示的椭圆仪为其应用实例。

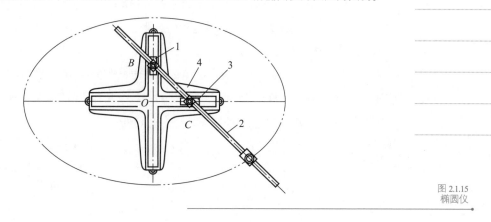

图 2.1.15
椭圆仪

四、偏心轮机构

若将如图 2.1.16（a）所示对心曲柄滑块机构中转动副 B 的半径扩大，使其超过杆 1 的长度，杆 1 就变成了图 2.1.16（b）中的圆盘 1，则对心曲柄滑块机构演化成偏心轮机构，如图 2.1.16（c）所示。

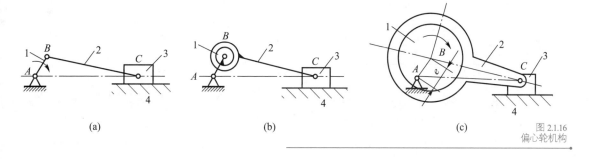

（a）　　　　　　　　　　　（b）　　　　　　　　　　　（c）

图 2.1.16
偏心轮机构

子任务 2.1.3　平面四杆机构的基本特性分析

学习目标

1. 学会分析铰链四杆机构的基本特性。

2. 了解其他平面四杆机构的工作特性。

知识准备

一、传力特性

如图 2.1.17 所示的曲柄摇杆机构，若忽略各杆质量和运动副中摩擦的影响，当曲柄 AB 为主动件时，它作用于从动件 CD 上的力 F 沿 BC 方向。力 F 沿 v_C 方向的分力为 $F_t = F\cos\alpha$，它产生的力矩带动摇杆运动，称为有效分力。沿垂直于 v_C 方向的分力 $F_r = F\sin\alpha$，它使运动副 D 和 C 中产生压力，并使阻碍运动的摩擦力增大，称为有害分力。力 F 与 C 点线速度 v_C 之间所夹的锐角 α 称为压力角。α 越小，有效分力 F_t 越大，有害分力 F_r 越小，机构的传力性能越好。可见，压力角 α 为判断机构传力性能的参数。实际应用中为了测量方便，常用压力角的余角 γ 来判断机构的传力性能，γ 角称传动角。因 $\gamma = 90° - \alpha$，也可以说，传动角 γ 越大，机构的传力性能越好。

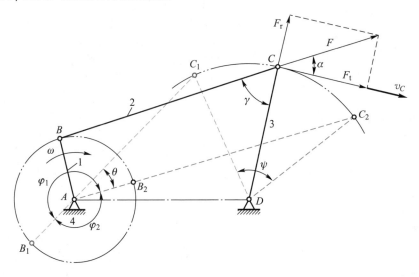

图 2.1.17
曲柄摇杆机构的基本特性

机构工作时，传动角 γ 的大小是变化的。为了保证机构具有良好的传力性能，设计时要求传动角不小于允许值 γ_{min}，一般 $\gamma_{min} = 35° \sim 50°$。

如图 2.1.18 所示的曲柄摇杆机构，曲柄与机架共线的两位置即为可能出现最小传动角的位置。

对于曲柄滑块机构，当主动件为曲柄时，最小传动角出现在曲柄与机架垂直的位置，如图 2.1.19 所示。而图 2.1.20 所示的导杆机构，由于在任何位置主动曲柄 1 通过滑块 2 传给从动件 3 的力的方向与从动件上受力点的速度方向始终一致，因此传动角始终等于 90°。

二、急回特性

在图 2.1.17 所示的曲柄摇杆机构中，当曲柄 1 在 AB_1 和 AB_2 两位置上与连杆 2 共线时，摇杆 3 分别位于 DC_1、DC_2 两个极限位置，其夹角 ψ 称为摇杆摆角。曲柄两对应位置 AB_1 和 AB_2 所夹的锐角 θ 称为极位夹角。

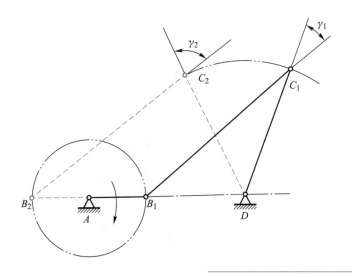

图 2.1.18
曲柄摇杆机构的最小传动角

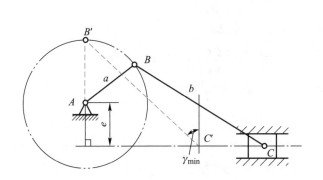

图 2.1.19
曲柄滑块机构的最小传动角

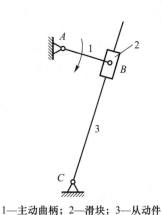

1—主动曲柄；2—滑块；3—从动件

图 2.1.20
导杆机构的最小传动角

当曲柄以等角速度 ω 从 AB_2 转过 φ_1 角到达 AB_1 时，摇杆从 DC_2 摆动至 DC_1，所用时间 $t_1=\varphi_1/\omega$；当曲柄从 AB_1 转过 φ_2 角返回 AB_2 时，摇杆从 DC_1 摆回至 DC_2，所用时间 $t_2=\varphi_2/\omega$。因 $t_1>t_2$，所以摇杆运动的平均速度 $v_1<v_2$。说明当曲柄等速转动时，摇杆返回行程速度大于工作行程速度，机构的这种特性称为急回特性。如图 2.1.21 所示的偏置曲柄滑块机构和图 2.1.22 所示的摆动导杆机构均具有急回特性。利用机构的急回特性可以节省空回时间，提高生产率。

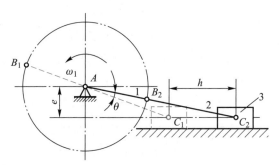

图 2.1.21
偏置曲柄滑块机构

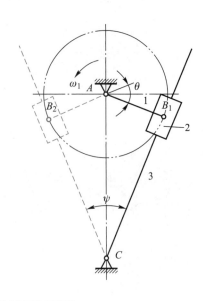

图 2.1.22
摆动导杆机构

机构的急回特性可以用行程速比系数 K 来表达，即

$$K = \frac{\text{从动件返回行程平均速度}}{\text{从动件工作行程平均速度}} = \frac{v_2}{v_1} = \frac{C_1C_2/t_2}{C_1C_2/t_1} = \frac{t_1}{t_2} = \frac{\varphi_1}{\varphi_2} = \frac{180° + \theta}{180° - \theta} \quad (2.1.1)$$

极位夹角 θ 越大，K 值越大，急回特性越明显。极位夹角 θ 为零时，机构无急回特性。

三、死点位置

在图 2.1.23 所示的曲柄摇杆机构中，摇杆 CD 为主动件，曲柄 AB 为从动件。当曲柄 AB 与连杆 BC 共线时，连杆 BC 作用于曲柄 AB 上的力恰好通过其回转中心 A，此时无论作用力多大，都不能使曲柄转动，机构出现"卡死"现象，传动角 $\gamma=0$，机构此时所处的位置称为死点位置。

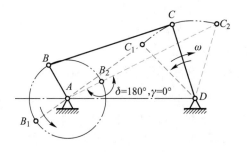

图 2.1.23
死点位置

死点位置对机构传动往往是不利的，实际机械中常借助于飞轮惯性渡过死点位置，如缝纫机的大带轮就兼有飞轮的作用。另外，还可以利用机构错位排列的方法渡过死点，如图 2.1.5 所示的机车车轮联动机构。

工程上有时也利用死点来实现一定的工作要求。如图 2.1.24 所示的飞机起落架机构，机轮放下时，BC 杆与 CD 杆共线，机构处于死点位置，确保地面对机轮的力不会使 CD 杆转动，使降落可靠。如图 2.1.25 所示为夹紧机构，工件夹紧后 BCD 成一条线，机构处于死点位置，即使工件反力很大也不能使机构反转，使夹紧牢固可靠。

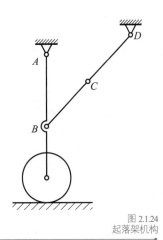

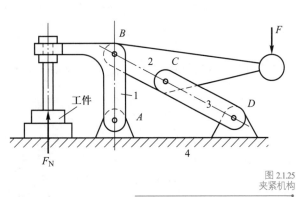

动画
起落架机构

动画
夹紧机构

图 2.1.24
起落架机构

图 2.1.25
夹紧机构

子任务 2.1.4　平面四杆机构的设计

学习目标

学会用图解法设计平面四杆机构。

知识准备

微课
图解法设计平面四杆机构

设计平面四杆机构的方法有图解法、实验法和解析法。其中，图解法和实验法比较直观、简明，常用于解决较为简单的设计问题。解析法解答精确，特别是随着近似计算方法和计算机在设计中的广泛应用，解析法能快速解决许多繁难的设计问题，成为设计方法发展的新方向。本节仅介绍图解法。

一、按给定的连杆位置设计四杆机构

【例 2.1.1】　已知连杆的长度 BC 以及它所处的三个位置 B_1C_1、B_2C_2、B_3C_3，如图 2.1.26 所示，设计该铰链四杆机构。

由于连杆上的铰接点 B（C）是在以 A（D）为圆心的圆弧上运动的，已知 B_1（C_1）、B_2（C_2）、B_3（C_3）的位置，就可以求出圆心 A（D）。分别作 B_1、B_2 和 B_2、B_3 连线的垂直平分线 b_{12}、b_{23}，其交点就是固定铰链中心 A；同理，作 C_1、C_2 和 C_2、C_3 连线的垂直平分线 c_{12}、c_{23}，其交点就是固定铰链中心 D。连接 AB_1C_1D 就是所求的铰链四杆机构。

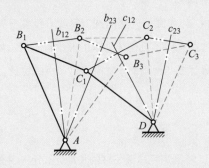

图 2.1.26
按给定的连杆位置设计四杆机构

二、按给定的行程速比系数 K 设计四杆机构

具有急回特性的四杆机构，一般是根据实际运动要求选定 K 的数值，然后根据极位的几何特点和其他辅助条件进行设计。

【例 2.1.2】 已知摇杆长度 l_3、摇杆摆角 ψ 和行程速度比系数 K，设计该铰链四杆机构。

设计步骤如下：

（1）由给定的行程速比系数 K 求极位夹角 θ。

$$\theta = 180° \frac{K-1}{K+1}$$

（2）如图 2.1.27 所示，任选固定铰链中心 D 的位置，由摇杆长度 l_3 和摇杆摆角 ψ，作出摇杆的两个极限位置 $C_1 D$ 和 $C_2 D$。

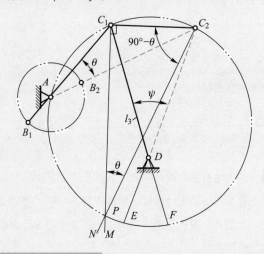

图 2.1.27
按给定的行程速度比系数 K 设计四杆机构

（3）连接 C_1 和 C_2，并作 $C_1 M$ 垂直于 $C_1 C_2$。

（4）作 $\angle C_1 C_2 N = 90° - \theta$，$C_2 N$ 与 $C_1 M$ 相交于 P 点，由图可见，$\angle C_1 P C_2 = \theta$。

（5）作 $\triangle P C_1 C_2$ 的外接圆，在此圆周上任取一点 A 作为曲柄的固定铰链中心。连接 A、C_1 和 A、C_2，因同一圆弧的圆周角相等，故 $\angle C_1 A C_2 = \angle C_1 P C_2 = \theta$。

（6）因极限位置处曲柄与连杆共线，故 $AC_1 = l_2 - l_1$，$AC_2 = l_2 + l_1$，从而可得曲柄长度 $l_1 = \frac{1}{2}(AC_2 - AC_1)$。再以 A 为圆心、l_1 为半径作圆，交 $C_1 A$ 的延长线于 B_1，交 $C_2 A$ 于 B_2，即得 $B_1 C_1 = B_2 C_2 = l_2$ 及 $AD = l_4$。

由于 A 点是在 $\triangle C_1 P C_2$ 外接圆上任选的点，因此若仅按行程速比系数 K 设计，则可得无穷多的解。A 点位置不同，机构传动角的大小也不同。如欲获得良好的传动质量，可按照最小传动角最优或其他辅助条件来确定 A 点的位置。

 做一做

1. 在铰链四杆机构中，若最短杆与最长杆的长度之和小于其他两杆的长度之和，则取

26

最短杆为机架时，可得到（   ）机构。

2. 在曲柄摇杆机构中，当曲柄等速转动时，摇杆往复摆动的平均速度不同的运动特性称为（   ）。

3. 在平面四杆机构中，从动件的行程速比系数的表达式为（   ）。

4. 在四杆机构中，已知行程速比系数 K，则极位夹角的计算公式为（   ）。

5. 当摇杆为主动件时，曲柄摇杆机构的死点发生在曲柄与（   ）共线的位置。

6. 四杆机构中是否存在死点位置，取决于从动件是否与连杆（   ）。

7. 铰链四杆机构的三种基本类型分别是什么？

8. 如图 2.1.28 所示的铰链四杆机构，根据注明的尺寸判定其类型。

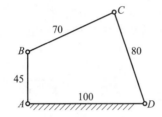

图 2.1.28
铰链四杆机构

9. 判断如图 2.1.29 所示中哪些机构在图示位置正处于死点位置。

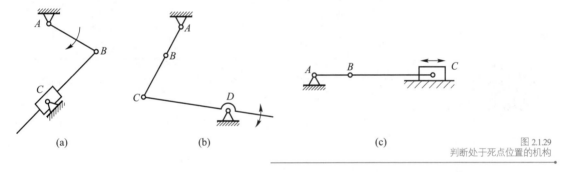

(a)　　　　　　(b)　　　　　　(c)

图 2.1.29
判断处于死点位置的机构

实践与拓展

在铰链四杆机构中，已知 $l_{BC}=50\text{mm}$，$l_{CD}=50\text{mm}$，$l_{AD}=50\text{mm}$，AD 为机架，试选取不同的 l_{AB} 值，使该铰链四杆机构成为三种不同的类型。

任务 2.2　凸轮机构的分析与应用

子任务 2.2.1　认识凸轮机构

学习目标

1. 掌握凸轮机构的组成及应用。

2. 掌握凸轮机构的分类方法。

 知识准备

一、凸轮机构的组成及应用

凸轮机构是由凸轮、从动件和机架三个基本构件组成的高副机构。其结构简单，只要设计出适当的凸轮轮廓曲线，就可以使从动件实现预期的运动规律。由于凸轮机构是高副机构，易于磨损，因此只适用于传递动力不大的场合。

如图 2.2.1 所示为内燃机配气机构，当凸轮 1 做等速转动时，通过其曲面的变化使气阀 2 按预期的规律做上下往复运动，从而使气阀按气缸工作循环要求有规律地开启或关闭。

如图 2.2.2 所示为靠模车削机构，工件 1 做回转运动，当拖板 2 横向移动时，刀架 3 在靠模模板 4（凸轮）曲线轮廓的推动下做横向移动，从而切削出与靠模板曲线形状一致的工件。

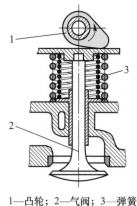

1—凸轮；2—气阀；3—弹簧

图 2.2.1
内燃机配气机构

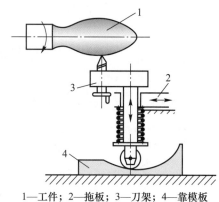

1—工件；2—拖板；3—刀架；4—靠模板

图 2.2.2
靠模车削机构

如图 2.2.3 所示为一自动机床的进刀机构。当具有凹槽的圆柱凸轮 1 等速转动时，其凹槽的侧面通过嵌于凹槽中的滚子 2 迫使从动件 3 绕点 O 做往复摆动，从而控制刀架的进刀和退刀运动。

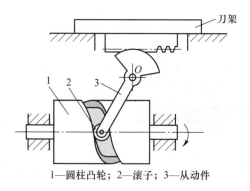

刀架

1—圆柱凸轮；2—滚子；3—从动件

图 2.2.3
自动机床进刀机构

二、凸轮机构的分类

凸轮机构的种类很多，可以从以下不同的角度进行分类。

1. 按凸轮的形状分类

（1）盘形凸轮。如图 2.2.1 所示，它是凸轮最基本的形式。凸轮绕固定轴线转动时，从动件根据凸轮外轮廓变化做平面运动。

（2）移动凸轮。如图 2.2.2 所示，它可以看作是回转半径无穷大的盘形凸轮，凸轮做往复直线移动。

（3）圆柱凸轮。如图 2.2.3 所示，当凸轮转动时，其曲线凹槽可推动推杆产生预期的运动。这种凸轮可看成是移动凸轮卷制而成的圆柱体。

2. 按从动件的端部形状分类

（1）尖顶从动件。如图 2.2.4（a）所示，这种从动件结构简单，但由于凸轮与从动件之间为点或线接触，接触应力高，易磨损，因此只适用于作用力不大和速度较低的场合。

（2）滚子从动件。如图 2.2.4（b）所示，从动件为自由转动的滚子，滚子与凸轮之间为滚动摩擦，磨损较小，可实现较大动力的传递，应用较广。

（3）平底推杆从动件。如图 2.2.4（c）所示，从动件的端部为平底，这种从动件与凸轮间的作用力始终垂直于从动件的底面，受力平稳。凸轮与平底间易形成油膜，润滑较好，所以常用于高速传动中。

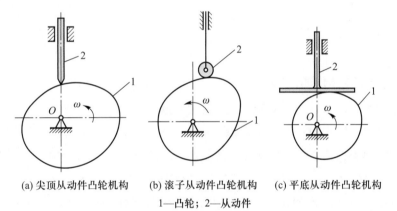

(a) 尖顶从动件凸轮机构　(b) 滚子从动件凸轮机构　(c) 平底从动件凸轮机构
1—凸轮；2—从动件

图 2.2.4
按从动件的端部形状分类

3. 按凸轮与从动件保持高副接触（称为锁合）的方法分类

（1）力锁合。主要利用重力、弹簧力或其他外力使从动件与凸轮始终保持接触，如图 2.2.1 所示。

（2）形锁合。靠凸轮和从动件推杆的特殊几何形状来保持两者的接触，如图 2.2.3 所示。

4. 按推杆的运动形式分类

（1）直动从动件。从动件做往复直线运动。若直动从动件的轴线通过凸轮的回转轴线，则称其为对心直动从动件，如图 2.2.4（a）（c）所示；若从动件的轴线不通过凸轮的回转轴线，则称为偏置直动从动件，如图 2.2.4（b）所示。

（2）摆动从动件。从动件做往复摆动。如图 2.2.5 所示为摆动滚子从动件盘形凸轮机构。

动画
摆动滚子从动件盘形凸轮机构

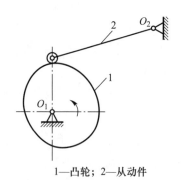

1—凸轮；2—从动件

图 2.2.5
摆动滚子从动件盘形凸轮机构

子任务 2.2.2 盘形凸轮机构的运动特性分析

学习目标

1. 熟悉盘形凸轮机构的有关参数。
2. 学会分析盘形凸轮机构的运动特性。

知识准备

一、盘形凸轮机构的尺寸及参数

如图 2.2.6（a）所示为一尖顶对心直动从动件盘形凸轮机构。从凸轮的回转中心 O 到廓线上任意点 k 的距离称作凸轮上 k 点的向径，记作 r_k。以点 O 为圆心，以最小向径 r_b 为半径所作的圆称为凸轮的基圆，r_b 为基圆半径。凸轮轮廓由 AB、BC、CD 及 DA 四段曲线组成，其中 BC、DA 两段为圆弧。设点 A 为凸轮廓线的起始点，当从动件与凸轮在点 A 接触时，从动件处于最低位置。当凸轮以等角速度 ω 沿逆时针方向转动时，凸轮廓线上的 AB 段推动从动件从最低位置到达最高位置 B'，这一过程称为推程，凸轮相应转过的角度 δ_0 称为推程运动角。凸轮继续转动，当从动件与凸轮廓线的 BC 段接触时，由于 BC 段为以凸轮轴心 O 为圆心的圆弧，从动件处于最高位置静止不动，这一过程称为远休止，此过程中凸轮相应转过的角度 δ_s 称为远休止角。当从动件与凸轮廓线的 CD 段接触时，从动件又由最高位置回到最低位置，这一运动过程称为回程，回程中凸轮相应的转角 δ_0' 称为回程运动角。当从动件与凸轮廓线 DA 段圆弧接触时，从动件在最低位置静止不动，此过程称为近休止，凸轮相应的转角 δ_s' 称为近休止角。凸轮再继续转动时，从动件又重复上述升—停—降—停的运动过程。从动件在推程或回程中移动的距离用 h 表示，AB' 称为行程。

从动件的位移 s 与凸轮转角 δ 的关系可以用从动件的 s-δ 线图表示，如图 2.2.6（b）所示。由于大多数凸轮做等速转动，转角与时间成正比，因此横坐标也代表时间 t。

从动件的运动规律主要取决于凸轮轮廓曲线的形状，因此，根据工作要求选定从动件的运动规律，是凸轮轮廓曲线设计的前提。

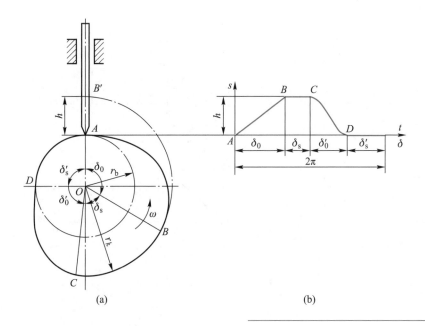

(a)　　　　　　　　　　　　　　　　　　(b)

图 2.2.6
凸轮机构的工作过程

二、盘形凸轮机构的运动特性

常用的从动件运动规律有等速运动规律、等加速 - 等减速运动规律、余弦加速度运动（简谐运动）规律、正弦加速度运动（摆线运动）规律等，它们的运动规律如图 2.2.7 所示，运动方程见表 2.2.1。

表 2.2.1　常用的从动件运动方程

运动规律	运动方程	
	推程（$0 \leqslant \delta \leqslant \delta_0$）	回程（$0 \leqslant \delta' \leqslant \delta_0'$）
等速运动	$s=(h/\delta_0)\delta,\ v=h\omega/\delta_0,\ a=0$	$s=h(1-\delta'/\delta_0'),\ v=-h\omega/\delta_0',\ a=0$
等加速 - 等减速运动	$(0 \leqslant \delta \leqslant \delta_0/2)$ $s=(2h/\delta_0^2)\delta^2$ $v=(4h\omega/\delta_0^2)\delta$ $a=4h\omega^2/\delta_0^2$	$(0 \leqslant \delta' \leqslant \delta_0'/2)$ $s=h-(2h/\delta_0'^2)\delta'^2$ $v=-(4h\omega/\delta_0'^2)\delta'$ $a=-4h\omega^2/\delta_0'^2$
	$(\delta_0/2 \leqslant \delta \leqslant \delta_0)$ $s=h-2h(\delta_0-\delta)^2/\delta_0^2$ $v=4h\omega(\delta_0-\delta)/\delta_0^2$ $a=-4h\omega^2/\delta_0^2$	$(\delta_0'/2 \leqslant \delta' \leqslant \delta_0')$ $s=2h(\delta_0'-\delta')^2/\delta_0'^2$ $v=-4h\omega(\delta_0'-\delta')/\delta_0'^2$ $a=-4h\omega^2/\delta_0'^2$
余弦加速度运动	$s=h[1-\cos(\pi\delta/\delta_0)]/2$ $v=(\pi h\omega/2\delta_0)\sin(\pi\delta/\delta_0)$ $a=(\pi^2 h\omega^2/2\delta_0^2)\cos(\pi\delta/\delta_0)$	$s=h[1+\cos(\pi\delta'/\delta_0')]/2$ $v=-(\pi h\omega/2\delta_0')\sin(\pi\delta'/\delta_0')$ $a=-(\pi^2 h\omega^2/2\delta_0'^2)\cos(\pi\delta'/\delta_0')$
正弦加速度运动	$s=h[\delta/\delta_0-(1/2\pi)\sin(2\pi\delta/\delta_0)]$ $v=(h\omega/\delta_0)[1-\cos(2\pi\delta/\delta_0)]$ $a=(2\pi h\omega^2/\delta_0^2)\sin(2\pi\delta/\delta_0)$	$s=h[1-\delta'/\delta_0'+(1/2\pi)\sin(2\pi\delta'/\delta_0')]$ $v=-(h\omega/\delta_0')[1-\cos(2\pi\delta'/\delta_0')]$ $a=-(2\pi h\omega^2/\delta_0'^2)\sin(2\pi\delta'/\delta_0')$

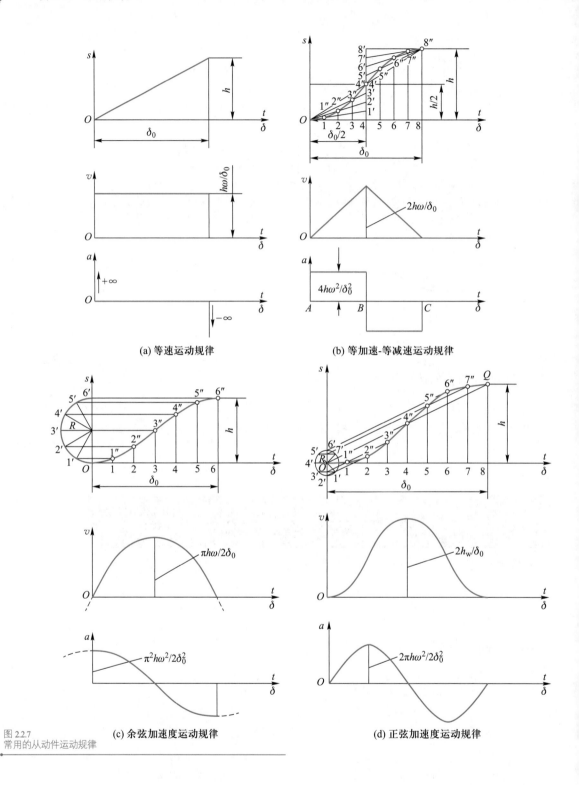

图 2.2.7
常用的从动件运动规律

1. 从动件做等速运动

从动件做等速运动时，如图 2.2.7（a）所示，在行程始末速度有突变，理论上加速度可达到无穷大，产生极大的惯性力，导致机构产生强烈的刚性冲击。因此，等速运动只能用于低速轻载的场合。

2. 从动件做等加速 - 等减速运动

从动件做等加速 - 等减速运动时，如图 2.2.7（b）所示，在 A、B、C 三点加速度存在有限值突变，导致机构产生柔性冲击，可用于中速轻载的场合。

3. 从动件做余弦加速度运动

从动件按余弦加速度运动规律运动时，如图 2.2.7（c）所示，在行程始末加速度存在有限值突变，也将导致机构产生柔性冲击，适用于中速场合。

4. 从动件做正弦加速度运动

从动件按正弦加速度运动规律运动时，如图 2.2.7（d）所示，在全行程中无速度和加速度的突变，因此不产生冲击，适用于高速场合。

工程中所采用的凸轮机构的运动规律，往往不是上述几种运动规律中的某一种，而是根据工作需要，将上述几种常用的运动规律组合使用，以改善凸轮机构的运动特性。

子任务 2.2.3　盘形凸轮机构的设计

学习目标

1. 掌握"反转法"原理。
2. 学会设计盘形凸轮机构的凸轮轮廓。

知识准备

凸轮轮廓曲线的设计方法有图解法和解析法两种。图解法简单易行、直观，但精度不高。对于高速凸轮或精度要求较高的凸轮，应采用解析法。本节仅介绍图解法。

设计凸轮廓线的基本原理是"反转法"。如图 2.2.8 所示的对心尖顶从动件盘形凸轮机构，凸轮以等角速度 ω 沿逆时针方向转动时，根据相对运动的原理，假设给整个机构加上一个与 ω 相反的公共角速度 $-\omega$，这并不会改变凸轮与从动件之间的相对运动，但此时

微课
盘形凸轮机构
的设计

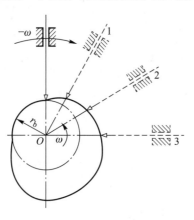

图 2.2.8
反转法原理

凸轮静止不动，从动件既随导路以角速度 $-\omega$ 绕轴心 O 转动，又在导轨内做预期的往复移动。由于从动件的尖顶始终与凸轮廓线接触，因此从动件尖顶的运动轨迹就是凸轮的理论廓线。这一原理方法称为反转法。

下面介绍用反转法设计凸轮廓线的具体方法。

一、对心尖顶从动件盘形凸轮机构设计

【例 2.2.1】　如图 2.2.9 所示，已知凸轮的基圆半径 $r_b = 25mm$，凸轮以等角速度 ω 沿逆时针方向回转。从动件的运动规律见表 2.2.2，设计该对心尖顶从动件盘形凸轮机构。

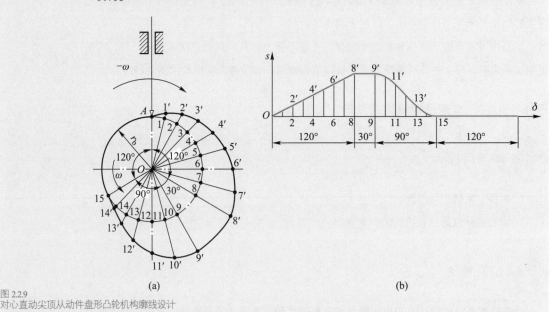

图 2.2.9
对心直动尖顶从动件盘形凸轮机构廓线设计

表 2.2.2　从动件的运动规律

序号	凸轮转角 δ	从动件的运动规律
1	0～120°	等速上升，$h=20mm$
2	120°～150°	从动件在最高位置不动
3	150°～240°	余弦加速度下降，$h=20mm$
4	240°～360°	从动件在最低位置不动

解：（1）选取适当的比例尺 μ_L，根据已知的基圆半径 r_b 作出凸轮的基圆。

（2）运用反转法，按顺时针方向量出推程运动角 120°、远休止角 30°，回程运动角 90° 和近休止角 120°。

（3）按一定的分度值（凸轮精度要求高时，分度值取小些，反之可以取大些，本题取分度值为 15°）将推程运动角进行若干等分，得到基圆上的各分点 1、2、3、…、8。连接 $O1$、$O2$、$O3$、…、$O8$，得到数条径向线。

（4）依据从动件的运动规律作出从动件的 s-δ 曲线，如图 2.2.9（b）所示。将位

移曲线的推程横坐标也分成和第（2）步相同的份数，得到横坐标上的各分点 1、2、3、…、8，过各分点作横坐标的垂线，与位移曲线交于 1′、2′、3′、…、8′。

（5）确定出从动件在复合运动中其尖顶所占据的一系列位置。根据 s-δ 曲线，由基圆上的各分点 1、2、3、…、8 沿各径向线向外量取从动件在位移线图中各相应位置的位移量 11′、22′、33′、…、88′，得到凸轮上的 1′、2′、3′、…、8′各点，这些点就是从动件在复合运动中尖顶所占据的一系列位置。

（6）用光滑曲线连接 A 到 8′，即得从动件推程时凸轮的一段廓线。

（7）凸轮再转过 30° 时，为远停程，此段廓线为圆弧。以 O 为圆心、$O8'$ 为半径画一段圆弧 8′9′，即为远停程时的凸轮廓线。

（8）当凸轮再转过 90° 时，为回程，可按照步骤（3）～（6）得到廓线。

（9）凸轮转过剩余的 120° 时，为近停程，该段又是一段圆弧。

上述即为对心直动尖顶从动件盘形凸轮机构廓线的设计方法。

二、对心直动滚子从动件盘形凸轮机构设计

将滚子中心看作尖顶推杆的尖顶，按前述方法设计出廓线 β'，这一廓线称为理论廓线。

以理论廓线上的各点为圆心、滚子半径 r_g 为半径作一系列的圆，这些圆的内包络线 β 即为所求凸轮的实际廓线，如图 2.2.10 所示。

三、凸轮设计中应注意的问题

设计凸轮机构不仅要保证从动件能实现预期的运动规律，还要求整个机构传力性能良好、结构紧凑。因此，设计凸轮时还要考虑压力角、基圆半径、滚子半径等因素。

1. 凸轮机构的压力角

图 2.2.11 所示为凸轮机构在推程某位置的受力情况。F_n 为 A 点处凸轮对从动件的作用力，若不考虑摩擦，则该力与接触点 A 点处的法线方向 n—n 一致。将力 F 沿从动件轴向和径向进行分解，得两分力 F_1、F_2，则

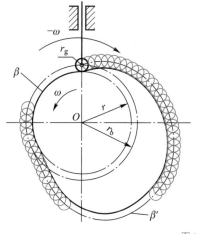

图 2.2.10
对心直动滚子从动件盘形凸轮廓线设计

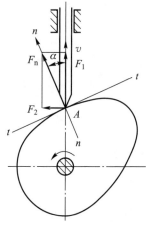

图 2.2.11
凸轮机构的压力角

$$F_1 = F_n \cos \alpha$$
$$F_2 = F_n \sin \alpha$$

显然，F_1 是推动从动件移动的有效分力，它随着 α 的增大而减小；F_2 是引起导路中摩擦阻力的有害分力，它随着 α 的增大而增大。当 α 增大到一定程度，以至于导路中的摩擦阻力大于有效分力时，无论凸轮给予从动件多大的力，从动件都不能运动，机构发生自锁。设计上规定最大压力角 α_{max} 要小于许用压力角 $[\alpha]$。一般推荐许用压力角 $[\alpha]$ 的数值如下：

直动从动件的推程　　　　　　　　　　$[\alpha]=30°\sim40°$

摆动从动件的推程　　　　　　　　　　$[\alpha]=40°\sim50°$

在空回行程中，从动件没有负载，不会自锁。但为了防止从动件在重力或弹簧力的作用下产生过高的加速度，取 $[\alpha]=70°\sim80°$。

2. 凸轮机构基圆半径 r_b 的确定

基圆半径 r_b 是凸轮的主要尺寸参数，从避免运动失真、降低压力角的要求看，r_b 大比较好，但是从结构紧凑的要求看，r_b 小比较好。基圆半径可按运动规律、许用压力角由如图 2.2.12 所示的诺模图求得。

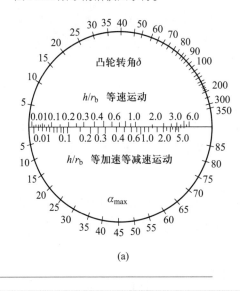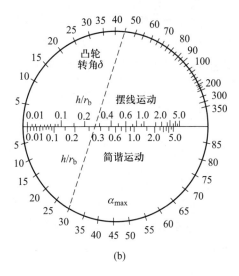

图 2.2.12
诺模图

　　(a)　　　　　　　　　　　　　(b)

【例 2.2.2】 已知凸轮升程角为 45°，$\alpha_{max}=30°$，行程 $h=30mm$，采用简谐运动规律，求基圆半径 r_b。

解：过升程角 45° 和 $\alpha_{max}=30°$ 画直线相交于直径线上，得 $h/r_b=0.35$，所以

$$r_b=h/0.35=30mm/0.35=86mm$$

 做一做

1. 凸轮机构是由（　　　　　）等部分组成的。

2. 凸轮机构中，从动件的运动规律取决于（　　　　　）的形状。

3. 当凸轮机构的从动件选用等速运动规律时，从动件的运动将（　　　）。

A. 产生刚性冲击　　　　　　　　　　B. 产生柔性冲击

  C. 没有冲击　　　　　　　　　　　　D. 既有刚性冲击又有柔性冲击

4. 在凸轮机构中，当从动件按等加速 – 等减速运动规律运动时，机构将（　　　）。

  A. 产生刚性冲击　　　　　　　　　　B. 产生柔性冲击

  C. 既有刚性冲击又有柔性冲击　　　　D. 既无刚性冲击又无柔性冲击

5. 凸轮机构的主要优点是（　　　）。

  A. 可以实现任意预期的从动件运动规律　B. 承载能力大

  C. 适用于高速场合　　　　　　　　　D. 凸轮轮廓加工简单

实践与拓展

  当如图 2.2.13 所示凸轮机构的凸轮从图示位置转过 60° 时，用作图法求凸轮理论廓线上的压力角 α。

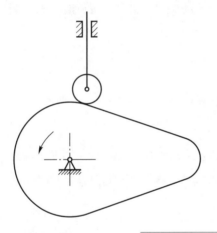

图 2.2.13
凸轮机构

任务 2.3　间歇运动机构的分析与应用

子任务 2.3.1　棘轮机构的认知

学习目标

1. 熟悉棘轮机构的分类。

2. 能够识别机械装置中应用的棘轮机构的类型。

知识准备

微课
棘轮机构的工
作原理、特点
与应用

一、棘轮机构的组成

  棘轮机构主要由棘轮 1、棘爪 2、摇杆 3、止回棘爪 4 和机架 6 组成，如图 2.3.1 所示。

棘轮 1 装在轴上，用键与轴连接在一起。棘爪 2 铰接于摇杆 3 上，摇杆 3 可绕棘轮轴摆动。当摇杆沿顺时针方向摆动时，棘爪插入棘轮齿间推动棘轮转过一定角度；当摇杆沿逆时针方向摆动时，棘爪在棘轮齿顶滑过，棘轮静止不动。摇杆连续往复摆动，棘轮即可实现单向的间歇运动。止回棘爪 4 用以防止棘轮倒转和定位，扭簧 5 使棘爪紧贴在棘轮上。

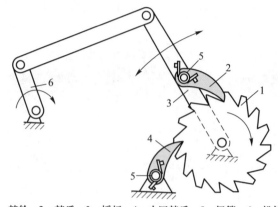

图 2.3.1
棘轮机构的组成

1—棘轮；2—棘爪；3—摇杆；4—止回棘爪；5—扭簧；6—机架

二、棘轮机构的分类

常见棘轮机构按工作原理可分为齿啮式和摩擦式两大类。

1. 齿啮式棘轮机构

齿啮式棘轮机构是靠棘爪和棘齿啮合来传递运动的。棘齿在棘轮的外缘称为外啮合棘轮机构，如图 2.3.2（a）所示；棘齿在棘轮的内缘称为内啮合棘轮机构，如图 2.3.2（b）所示。

图 2.3.2
齿啮式棘轮机构

(a) 外啮合　　　　**(b) 内啮合**

按棘轮机构的运动形式不同，棘轮机构可分为三类。

（1）单动式棘轮机构。如图 2.3.2 所示，其特点是摇杆向某一方向摆动时，棘爪驱动棘轮沿同一方向转过一定角度；摇杆反方向转动时，棘轮静止。

（2）双动式棘轮机构。如图 2.3.3 所示，棘爪可制成钩头爪或直爪，分别如图 2.3.3（a）（b）所示。当主动摇杆往复摆动一次时，能使棘轮沿同一方向做两次间歇转动。这种棘轮机构每次停歇的时间间隔较短，棘轮每次转过的转角也较小。

（3）可变向棘轮机构。如果棘轮需要做双向间歇运动，可把棘轮的齿形制成矩形，而棘爪制成可翻转的结构，如图 2.3.4（a）所示。其特点是当棘爪处于实线位置 B，摇杆往复摆动时，棘轮可获得逆时针方向的单向间歇运动；而当把棘爪绕其销轴 O_2 翻转到双点画线所示位置 B'，摇杆往复摆动时，棘轮则可获得顺时针方向的单向间歇运动。

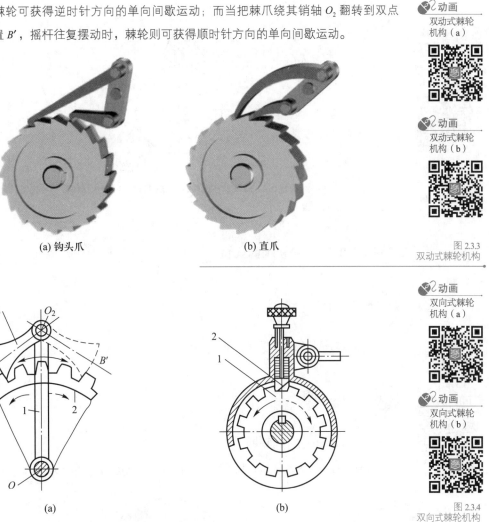

(a) 钩头爪　　　　　　　　(b) 直爪

图 2.3.3　双动式棘轮机构

(a)　　　　　　　　(b)

图 2.3.4　双向式棘轮机构

动画　双动式棘轮机构（a）

动画　双动式棘轮机构（b）

动画　双向式棘轮机构（a）

动画　双向式棘轮机构（b）

2. 摩擦式棘轮机构

摩擦式棘轮机构如图 2.3.5 所示，棘爪上无棘齿。当摇杆 1 沿逆时针方向摆动时，通过驱动偏心楔块 2 与摩擦轮 3 之间的摩擦力，使摩擦轮沿逆时针方向运动。当摇杆沿顺时针方向摆动时，驱动偏心楔块在摩擦轮上滑过，而止动楔块 4 与摩擦轮之间的摩擦力会促使此楔块与摩擦轮卡紧，从而使摩擦轮静止，实现了单向间歇运动。

三、棘轮机构的特点和应用

棘轮机构具有结构简单、制造方便、运动可靠，且棘轮的转角可以根据需要进行调节等特点，但棘轮机构传力小，工作时有冲击和噪声。因此，棘轮机构只适用于转速不高、转角不大及功率小的场合。棘轮机构在零件机床加工中可满足进给、制动、超越和转位分度等要求。

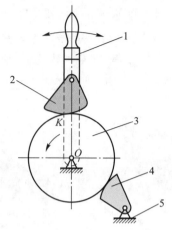

动画
摩擦式棘轮
机构

图 2.3.5
摩擦式棘轮机构

1—摇杆；2—驱动偏心楔块；3—摩擦轮；4—止动楔块；5—机架

子任务 2.3.2　槽轮机构的认知

　学习目标

熟悉槽轮机构的工作原理、特点及应用。

微课
槽轮机构的工
作原理、特点
与应用

　知识准备

一、槽轮机构的工作原理

槽轮机构由带有圆柱销 C 的主动拨盘 1、带径向槽的从动槽轮 2 和机架组成，如图 2.3.6

动画
单圆柱销外啮
合槽轮机构的
工作原理

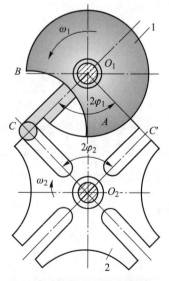

图 2.3.6
单圆柱销外啮合槽轮机构的工作原理

1—主动拨盘；2—从动槽轮

所示。当拨盘以 ω_1 做等速转动时，圆柱销 C 由左侧进入槽轮，拨动槽轮沿顺时针方向转动，拨盘转过 $2\varphi_1$ 角，槽轮相应反向转过 $2\varphi_1$ 角。圆销 C 未进入槽轮的径向槽时，槽轮静止不动。

二、槽轮机构的工作特点和应用

槽轮机构结构简单、转位方便、工作可靠，但因圆柱销突然进入与脱离径向槽时存在柔性冲击，因此不适用于高速场合。此外，槽轮的转角不可调节，故只能用于定转角的间歇运动机构中。

如图 2.3.7 所示为电影放映机卷片机构。当拨盘 1 转动一周时，槽轮 2 转过 1/4 周，卷过一张底片并停留一定时间。拨盘继续转动，重复上述过程。利用人眼视觉暂留的特性，可使观众看到连续的动作画面。

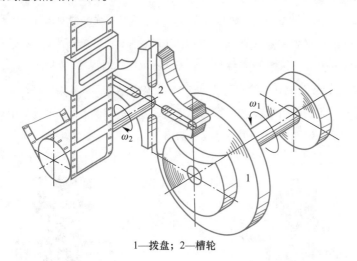

1—拨盘；2—槽轮

动画
电影放映机卷片机构

图 2.3.7
电影放映机卷片机构

子任务 2.3.3　其他间歇机构的认知

学习目标

1. 了解不完全齿轮机构的工作特点及应用。
2. 了解凸轮间歇运动机构的工作特点及应用。

微课
不完全齿轮和凸轮间歇机构

知识准备

一、不完全齿轮机构的认知

不完全齿轮机构是在主动齿轮上只做出一个或几个齿，根据运动时间和停歇时间的要求在从动轮上做出与主动轮相啮合的轮齿，其余部分为锁止圆弧。当两轮齿进入啮合时，与齿轮传动一样，无齿部分由锁止圆弧定位使从动轮静止，如图 2.3.8 所示。

图 2.3.8
外啮合不完全齿轮机构

　　不完全齿轮机构与其他间歇机构相比结构简单、制造方便，但从动轮在转动开始或结束时冲击较大，一般用于低速或轻载场合，如计数器、电影放映机和某些进给机构中。

二、凸轮间歇运动机构的认知

　　凸轮间歇运动机构有圆柱、蜗杆两种形式。

　　如图 2.3.9 所示为圆柱凸轮间歇运动机构，它由具有曲线沟槽的圆柱凸轮和端面圆周上均布有圆柱销的圆盘组成。圆柱凸轮转动，拨动圆柱销，使从动件做间歇运动。从动件的运动规律取决于圆柱凸轮的轮廓曲线。

　　如图 2.3.10 所示为蜗杆凸轮间歇运动机构。凸轮形状如同圆弧面蜗杆，滚子均布在圆盘的圆柱面上，犹如蜗轮的齿。该机构可以通过调整凸轮与圆盘的中心距来消除滚子与凸轮轮廓接触面间的间隙，以补偿接触表面的磨损。

图 2.3.9
圆柱凸轮间歇运动机构

图 2.3.10
蜗杆凸轮间歇运动机构

　　凸轮间歇运动机构运转可靠、传动平稳，但凸轮加工困难、精度要求高，常用于传递交错轴间的分度运动和需要转位或步进的机械装置中。

做一做

　　1. 在外啮合槽轮机构中，主动拨盘与从动槽轮的转向 _____。

　　2. 棘轮机构中采用止回棘爪主要是为了 _____。

　　3. 不完全齿轮机构的主、从动轮可以互换吗？为什么？

实践与拓展

　　如图 2.3.11 所示的牛头刨床工作台进给机构是哪种间歇机构？属于哪一种分类和工作方式？

图 2.3.11
牛头刨床工作台进给机构

项目3 常用机械传动装置

子任务 3.1.1 带传动的认知

微课
带传动的认知

学习目标

1. 掌握带传动的分类方法。
2. 熟悉带传动的特点及应用。

知识准备

带传动的主要作用是传递两轴间的运动和动力。它由主动带轮 1、从动带轮 2 及传动带 3 组成，如图 3.1.1 所示。

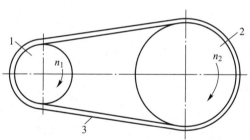

图 3.1.1
带传动的组成

1—主动带轮；2—从动带轮；3—传动带

一、带传动的分类

根据工作原理的不同，带传动分为摩擦式带传动和啮合式带传动两大类。

1. 摩擦式带传动

摩擦式带传动按带的截面形状可分为平带传动、V 带传动、多楔带传动、圆带传动等类型，如图 3.1.2 所示。

平带的截面形状为矩形，工作面为内表面，主要用于两轴平行且转向相同的较远距离的传动。

V 带的截面形状为等腰梯形，工作面为两侧面。在相同张紧力和摩擦系数的条件下，V 带产生的摩擦力是平带的 3 倍，如图 3.1.3 所示。

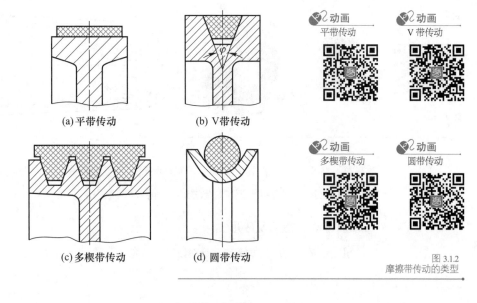

(a) 平带传动　　(b) V 带传动

动画　平带传动　　动画　V 带传动

(c) 多楔带传动　　(d) 圆带传动

动画　多楔带传动　　动画　圆带传动

图 3.1.2
摩擦带传动的类型

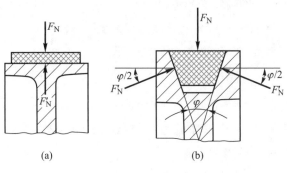

(a)　　　　(b)

图 3.1.3
平带与 V 带传动能力比较

平带的摩擦力为

$$F_f = F_N'f = F_N f$$

V 带的摩擦力为

$$F_f = 2F_N'f = \frac{F_N f}{\sin(\varphi/2)} = F_N f_v$$

其中，$f_v = \dfrac{f}{\sin(\varphi/2)}$ 为 V 带的当量摩擦系数。

通常，带轮槽角 φ 有 38°、36°、34°、32°，$\sin(\varphi/2) \approx 0.3$。因此，当 F_N 相同时，V 带的摩擦力约是平带的 3 倍。所以 V 带的传动能力强、结构更紧凑，在机械传动中应用最广泛。

多楔带的工作面为楔的侧面，它兼有平带和 V 带的优点，多用于结构紧凑的大功率传动场合。

圆形带的截面形状为圆形，仅用于缝纫机、仪器等小功率传动。

2. 啮合式带传动

啮合式带传动是靠带上的齿与带轮上的齿相啮合来传递动力的，如图 3.1.4 所示的同步带传动是典型的啮合式带传动。它兼有带传动和齿轮传动的特点，传动功率较大、传动

动画
啮合式带传动

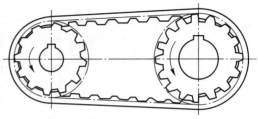

图 3.1.4
啮合式带传动

效率高、传动比准确，其主要缺点是制造和安装精度要求高，中心距要求严格。目前，同步带传动已经广泛应用于汽车、数控机床等传动装置中。

二、带传动的特点及应用

机械中常用的摩擦式带传动具有以下主要特点：

1. 优点

① 能缓冲吸振，传动平稳、噪声小。

② 过载时，带会在带轮上打滑，具有过载保护作用。

③ 结构简单，制造、安装和维护方便，成本低。

2. 缺点

① 带与带轮间存在弹性滑动，不能保证恒定的传动比。

② 带需要张紧在带轮上，对轴的压力大，传动精度和传动效率低。

③ 带的寿命较短，需要定期更换。

④ 不适用于高温、易燃及有腐蚀介质的场合。

摩擦式带传动适用于要求传动平稳、不要求传动比准确，100kW 以下中小功率的远距离传动，如汽车发动机、拖拉机、石材切割机等。

子任务 3.1.2　带及带轮结构的认知

学习目标

熟悉普通 V 带及 V 带轮的结构。

知识准备

一、普通 V 带的结构

普通 V 带为无接头的环形带，其横截面结构如图 3.1.5 所示，由胶帆布（顶布）、顶胶、缓冲胶、抗拉体、底胶、底布（底胶夹布）等组成。

普通 V 带的尺寸已经标准化，见 GB/T 11544—2012《带传动　普通 V 带和窄 V 带　尺寸（基准宽度制）》。按截面尺寸由小到大可分为 Y、Z、A、B、C、D、E 七种型号，其截面尺寸见表 3.1.1。在相同的条件下，截面尺寸大，则传递的功率就大。

微课
V 带和 V
轮的结构

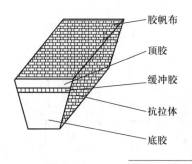

胶帆布

顶胶

缓冲胶

抗拉体

底胶

图 3.1.5
V 带的结构

表 3.1.1 普通 V 带的截面尺寸

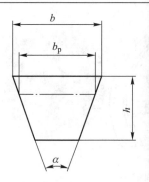

型号	Y	Z	A	B	C	D	E
顶宽 b/mm	6	10	13	17	22	32	38
节宽 b_p/mm	5.3	8.5	11	14	19	27	32
高度 h/mm	4	6	8	11	14	19	23
楔角 α	40°						

V 带绕在带轮上产生弯曲，外层受拉伸长，内层受压缩短，内、外层之间必有一长度不变的中性层，其宽度 b_p 称为节宽。V 带轮上与节宽 b_p 相对应的带轮直径 d_d 称为基准直径，带轮基准直径上带的周线长度称为基准长度，用 L_d 表示，如图 3.1.6 所示，V 带的基准长度已经标准化。

普通 V 带的标记示例（GB/T 1171—2017）：

$$A1430 \, GB/T \, 1171$$

其中　A——型号为 A 型；

1 430——基准长度为 1 430mm。

带的标记通常压印在外表面上，以便于选用和识别。

二、V 带轮的结构

V 带轮由轮缘、轮毂和腹板（轮辐）三部分组成，如图 3.1.6 所示。根据腹板（轮辐）结构的不同，可将带轮分为实心式、腹板式、孔板式和椭圆轮辐式四种形式。

V 带轮的结构形式及腹板（轮辐）厚度的确定可参阅有关设计手册。

子任务 3.1.3　带传动的工作能力分析

学习目标

1. 学会对 V 带传动的工作能力进行分析。

2. 学会分析带传动产生弹性滑动的原因。

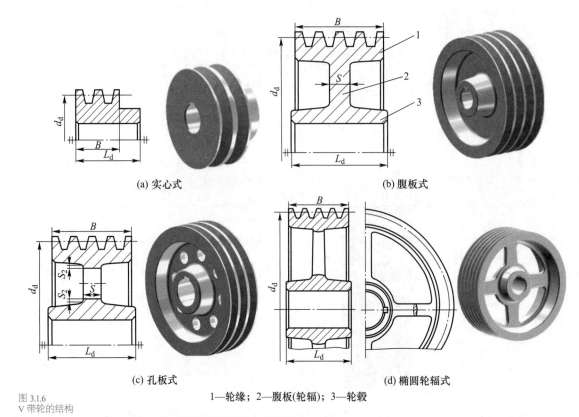

(a) 实心式　　　　　　　　　　　　(b) 腹板式

(c) 孔板式　　　　　　　　　　　　(d) 椭圆轮辐式

1—轮缘；2—腹板(轮辐)；3—轮毂

图 3.1.6
V 带轮的结构

 知识准备

一、带传动的受力分析

带传动未运转时，带张紧在两带轮上。带的上、下两边会承受相同的张紧力，称为初拉力 F_0，如图 3.1.7（a）所示。

带传动工作时，由于带与带轮接触面之间摩擦力的作用，带两边的拉力不再相等，如

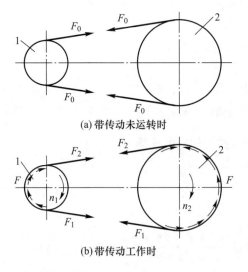

(a) 带传动未运转时

(b) 带传动工作时

图 3.1.7
带传动的工作原理

图 3.1.7（b）所示。绕入主动轮的一边被拉紧，拉力由 F_0 增大到 F_1，称为紧边；绕入从动轮的一边被放松，拉力由 F_0 减小到 F_2，称为松边。设环形带的总长度不变，则紧边拉力的增加量 F_1-F_0 应等于松边拉力的减少量 F_0-F_2，即

$$F_1-F_0=F_0-F_2 \qquad (3.1.1)$$

带两边的拉力之差 F 称为带传动的有效拉力。F 实际上是带与带轮之间摩擦力的总和，在最大静摩擦力范围内，带传动的有效拉力 F 与总摩擦力相等，F 同时也是带传动所传递的圆周力，即

$$F=F_1-F_2=\Sigma F_f \qquad (3.1.2)$$

带传动所传递的功率为

$$P=\frac{Fv}{1000} \qquad (3.1.3)$$

式（3.1.3）中，P 为传递功率，单位为 kW；F 为有效圆周力，单位为 N；v 为带的速度，单位为 m/s。

在一定的初拉力 F_0 作用下，带与带轮接触面间摩擦力的总和有一极限值。当带所传递的圆周力超过这一极限值时，带与带轮间将发生明显的相对滑动，这种现象称为打滑。带打滑时，从动轮转速急剧下降，甚至停止转动，带不仅会失去正常的工作能力，还会产生急剧磨损，因此应避免打滑现象的发生。

当带即将在带轮上打滑时，F_1 与 F_2 之间的关系可用欧拉公式表示为

$$\frac{F_1}{F_2}=e^{f_v\alpha} \qquad (3.1.4)$$

式（3.1.4）中，f_v 为当量摩擦系数，$f_v=\dfrac{f}{\sin\dfrac{\varphi}{2}}$，$\varphi$ 为带的楔角；α 为带轮包角，单位为 rad；e 为自然对数的底数。

联立式（3.1.2）和式（3.1.4）可得

$$F_{max}=2F_0\frac{e^{f_v\alpha}-1}{e^{f_v\alpha}+1} \qquad (3.1.5)$$

式（3.1.5）表明，带所传递的圆周力 F 与下列因素有关：

① F_0 增大时，F_{max} 增大。但 F_0 过大时，会降低带的使用寿命，同时还会产生过大的压轴力。

② f_v 增大时，F_{max} 增大。

③ α 增大时，F_{max} 增大。因为 $\alpha_1<\alpha_2$，故打滑首先发生在小带轮上。

二、带传动的应力分析

带传动工作时，带中的应力由以下三部分组成。

1. 由拉力产生的拉应力

紧边拉应力 $\qquad\qquad\qquad\sigma_1=\dfrac{F_1}{A}$

松边拉应力 $\qquad\qquad\qquad\sigma_2=\dfrac{F_2}{A}$

式中，A 为带的横截面面积，单位为 mm^2；σ_1、σ_2 的单位为 MPa。

2. 由离心力产生的拉应力

由于带本身的质量，带在带轮上做圆周运动时将产生离心力 F_c。离心力作用于带的全长上，在截面上产生的离心拉应力为

$$\sigma_c = \frac{F_c}{A} = \frac{qv^2}{A} \qquad (3.1.6)$$

式（3.1.6）中，σ_c 为离心拉应力，单位为 MPa；v 为带速，单位为 m/s；q 为单位长度带的质量，单位为 kg/m，见表 3.1.2。

表 3.1.2　基准宽度制 V 带每米长的质量 q 及带轮最小基准直径（摘自 GB/T 10412—2002）

带型	Y	Z	A	B	C	D	E	SPZ	SPA	SPB	SPC
$q/(kg/mm)$	0.023	0.060	0.105	0.170	0.300	0.630	0.970	0.07	0.12	0.20	0.37
d_{dmin}/mm	20	50	75	125	200	355	500	63	90	140	224
基准直径系列 /mm	20、22.4、25、28、31.5、35.5、40、45、50、53、56、60、63、67、71、75、80、85、90、95、100、106、112、118、125、132、140、150、160、170、180、190、200、212、224、236、250、265、280、300、315、335、355、375、400、425、450、475、500、530、560、600、630、670、710、750、800、850、900、950、1 000、1 060、1 120、1 180、1 250、1 350、1 400、1 500、1 600、1 700、1 800、1 900、2 000、2 120、2 240、2 360、2 500										

3. 弯曲应力

带绕经带轮时会产生弯曲应力，由材料力学公式可得

$$\sigma_b \approx \frac{Eh}{d_d} \qquad (3.1.7)$$

式中，E 为带的弹性模量，单位为 MPa；h 为带的厚度，单位为 mm；d_d 为带轮的基准直径，单位为 mm；σ_b 为弯曲应力，单位为 MPa。

由式（3.1.7）可知，d_d 越小，带的弯曲应力 σ_b 越大。为防止弯曲应力过大，对每种型号的 V 带都规定了相应的最小带轮基准直径 d_{dmin}，见表 3.1.2。

带全长上的应力分布情况如图 3.1.8 所示。最大应力发生在紧边绕上小带轮的接触处，其值为

$$\sigma_{max} = \sigma_1 + \sigma_c + \sigma_{b1}$$

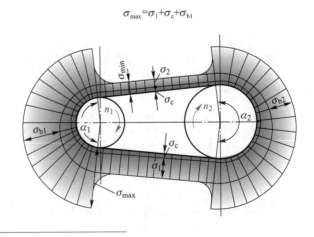

图 3.1.8
带的应力分布图

由于带是在交变应力状态下工作的，当应力循环次数达到一定值时，带就会发生疲劳破坏。

三、带传动的弹性滑动

　　带是弹性体，其受拉力后会产生弹性伸长。带由紧边绕过主动轮进入松边时，带的拉力由 F_1 减小为 F_2，其弹性伸长量由 δ_1 减小为 δ_2。这说明带在绕过带轮的过程中，相对于轮面向后收缩了（$\delta_1-\delta_2$），带与带轮轮面间出现了局部相对滑动，导致带的速度 v 逐渐小于主动轮的圆周速度 v_1，如图 3.1.9 所示。同样，当带由松边绕过从动轮进入紧边时，拉力增加，带逐渐被拉长，沿轮面产生向前的弹性滑动，使带的速度 v 逐渐大于从动轮的圆周速度 v_2。这种由于带的弹性变形而产生的带与带轮间的滑动称为弹性滑动。

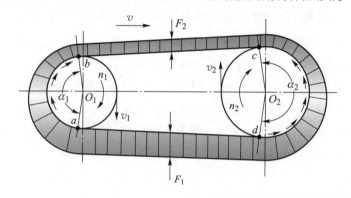

动画
带传动的弹性滑动

图 3.1.9
带传动的弹性滑动

　　带与轮面之间的弹性滑动使得从动轮的圆周速度 v_2 总是低于主动轮的圆周速度 v_1，其速度的降低率称为带传动的滑动率 ε

$$\varepsilon = \frac{v_1 - v_2}{v_1} \times 100\% = \frac{\pi d_{d1} n_1 - \pi d_{d2} n_2}{\pi d_{d1} n_1} \times 100\% \qquad (3.1.8)$$

式中，n_1、n_2 分别为主、从动轮的转速，单位为 r/min；d_{d1}、d_{d2} 分别为主、从动轮的基准直径，单位为 mm。

　　由式（3.1.8）可得，带传动的传动比为

$$i = \frac{n_1}{n_2} = \frac{d_{d2}}{d_{d1}(1-\varepsilon)} \qquad (3.1.9)$$

因带传动的滑动率很小（$\varepsilon = 0.01 \sim 0.02$），所以在一般传动计算中可不予考虑。

子任务 3.1.4　普通 V 带传动的设计

 学习目标

　　1. 掌握 V 带传动的失效形式。

　　2. 掌握 V 带传动的设计准则。

　　3. 会对 V 带传动进行设计。

微课
普通 V 带传动的设计

知识准备

一、V 带传动的失效形式和设计准则

V 带传动的主要失效形式是打滑和带的疲劳断裂。因此,带传动的设计准则是:在保证带传动不打滑的前提下,使其具有足够的疲劳强度和一定的寿命。

二、单根 V 带传递的额定功率

在传动比 $i=1$、包角 $\alpha=180°$、特定长度、工作平稳的条件下,单根普通 V 带的基本额定功率 P_1 见表 3.1.3、表 3.1.4。

当实际工作条件与确定 P_1 值的特定条件不同时,应该对 P_1 进行修正。修正后的实际工作条件下,单根 V 带所能传递的功率为 $[P_1]$,其公式为

$$[P_1] = (P_1 + \Delta P_1)K_\alpha K_L \qquad (3.1.10)$$

式中,$[P_1]$ 为单根 V 带在实际工作条件下所能传递的功率,单位为 kW;ΔP_1 为功率的增量,查表 3.1.3、表 3.1.4 得到,单位为 kW;K_α 为包角修正系数,考虑 $\alpha \neq 180°$ 时,α 对传动能力的影响,查表 3.1.5 得到;K_L 为带长修正系数,考虑带长不等于特定长度时对传动能力的影响,查表 3.1.6 得到。

三、带传动的设计

1. 确定计算功率

$$P_c = K_A P_0 \qquad (3.1.11)$$

式中,P_c 为计算功率,单位为 kW;K_A 为工作情况系数,查表 3.1.7 得到;P_0 为理论传递功率(如电动机的额定功率),单位为 kW。

2. 选择 V 带的型号

根据计算功率 P_c 和小带轮转速 n_1,由图 3.1.10 选择 V 带型号。

3. 确定带轮基准直径 d_{d1}、d_{d2}

设计时应取小带轮的基准直径 $d_{d1} \geqslant d_{dmin}$,并取标准值。$d_{dmin}$ 值查表 3.1.2 得到。大带轮基准直径 d_{d2} 由式(3.1.12)算出后取标准值

$$d_{d2} = i d_{d1}(1 - \varepsilon) \qquad (3.1.12)$$

4. 验算带速

$$v = \frac{\pi d_{d1} n_1}{60 \times 1000} \qquad (3.1.13)$$

式中,v 为带速,单位为 m/s;d_{d1} 为小带轮基准直径,单位为 mm;n_1 为小带轮的转速,单位为 r/min。

带速太高,会因惯性离心力过大而降低带与带轮间的正压力,从而降低摩擦力和传动能力;带速过低,则在传递相同功率的条件下所需的有效拉力 F 较大,要求带的根数较多。一般以 $v=5 \sim 25$ m/s 为宜。

表 3.1.3　A 型 V 带单根基准额定功率 P_1 和功率增量 ΔP_1

n_1/(r/min)	75	90	100	112	125	140	160	180	1~1.01	1.02~1.04	1.05~1.08	1.09~1.12	1.13~1.18	1.19~1.24	1.25~1.34	1.35~1.51	1.52~1.99	≥2.00	v/(m/s) ≈
	d_{d1}/mm　　　　　　　P_1/kW								i 或 $1/i$　　　　　　　ΔP_1/kW										
200	0.15	0.22	0.26	0.31	0.37	0.43	0.51	0.59	0.00	0.00	0.01	0.01	0.01	0.01	0.02	0.02	0.02	0.03	
400	0.26	0.39	0.47	0.56	0.67	0.78	0.94	1.09	0.00	0.01	0.01	0.02	0.02	0.03	0.03	0.04	0.04	0.05	
700	0.40	0.61	0.74	0.90	1.07	1.26	1.51	1.76	0.00	0.01	0.02	0.03	0.04	0.05	0.06	0.07	0.08	0.09	5
800	0.45	0.68	0.83	1.00	1.19	1.41	1.69	1.97	0.00	0.01	0.02	0.03	0.04	0.05	0.06	0.08	0.09	0.10	
950	0.51	0.77	0.95	1.15	1.37	1.62	1.95	2.27	0.00	0.01	0.03	0.04	0.05	0.06	0.07	0.08	0.10	0.11	
1 200	0.6	0.93	1.14	1.39	1.66	1.96	2.36	2.74	0.00	0.02	0.03	0.05	0.07	0.08	0.10	0.11	0.13	0.15	10
1 450	0.68	1.07	1.32	1.61	1.92	2.28	2.73	3.16	0.00	0.02	0.04	0.06	0.08	0.09	0.11	0.13	0.15	0.17	15
1 600	0.73	1.15	1.42	1.74	2.07	2.45	2.94	3.40	0.00	0.02	0.04	0.06	0.09	0.11	0.13	0.15	0.17	0.19	
2 000	0.84	1.34	1.66	2.04	2.44	2.87	3.42	3.93	0.00	0.03	0.06	0.08	0.11	0.13	0.16	0.19	0.22	0.24	20
2 400	0.92	1.50	1.87	2.30	2.74	3.22	3.80	4.32	0.00	0.03	0.07	0.10	0.13	0.16	0.19	0.23	0.26	0.29	25
2 800	1.00	1.64	2.05	2.51	2.98	3.48	4.06	4.54	0.00	0.04	0.08	0.11	0.15	0.19	0.23	0.26	0.30	0.34	30
3 200	1.04	1.75	2.19	2.68	3.16	3.65	4.19	4.58	0.00	0.04	0.09	0.13	0.17	0.22	0.26	0.30	0.34	0.39	
3 600	1.08	1.83	2.28	2.78	3.26	3.72	4.17	4.40	0.00	0.05	0.10	0.15	0.19	0.24	0.29	0.34	0.39	0.44	35
4 000	1.09	1.87	2.34	2.83	3.28	3.67	3.98	4.00	0.00	0.05	0.11	0.16	0.22	0.27	0.32	0.38	0.43	0.48	40
4 500	1.07	1.83	2.33	2.79	3.17	3.44	3.48	3.13	0.00	0.06	0.12	0.18	0.24	0.30	0.36	0.42	0.48	0.54	
5 000	1.02	1.82	2.25	2.64	2.91	2.99	2.67	1.81	0.00	0.07	0.14	0.20	0.27	0.34	0.40	0.47	0.54	0.60	
5 500	0.96	1.70	2.07	2.37	2.48	2.31	1.51	—	0.00	0.08	0.15	0.23	0.30	0.38	0.46	0.53	0.60	0.68	
6 000	0.80	1.50	1.80	1.96	1.87	1.37	—	—	0.00	0.08	0.16	0.24	0.32	0.40	0.49	0.57	0.65	0.73	

表 3.1.4　B 型 V 带单根基准额定功率 P_1 和功率增量 ΔP_1

$n_1/$(r/min)	d_{d1}/mm 125	140	160	180	200	224	250	280	i 或 $1/i$ 1～1.01	1.02～1.04	1.05～1.08	1.09～1.12	1.13～1.18	1.19～1.24	1.25～1.34	1.35～1.51	1.52～1.99	≥2.00	v/(m/s)≈
	P_1/kW								ΔP_1/kW										
200	0.48	0.59	0.74	0.88	1.02	1.19	1.37	1.58	0.00	0.01	0.01	0.02	0.03	0.04	0.04	0.05	0.06	0.06	5
400	0.84	1.05	1.32	1.59	1.85	2.17	2.50	2.89	0.00	0.01	0.03	0.04	0.06	0.07	0.08	0.10	0.11	0.13	
700	1.30	1.64	2.09	2.53	2.96	3.47	4.00	4.61	0.00	0.02	0.05	0.07	0.10	0.12	0.15	0.17	0.20	0.22	10
800	1.44	1.82	2.32	2.81	3.30	3.86	4.46	5.13	0.00	0.03	0.06	0.08	0.11	0.14	0.17	0.20	0.23	0.25	
950	1.64	2.08	2.66	3.22	3.77	4.42	5.10	5.85	0.00	0.03	0.07	0.10	0.13	0.17	0.20	0.23	0.26	0.30	15
1 200	1.93	2.47	3.17	3.85	4.50	5.26	6.04	6.90	0.00	0.04	0.08	0.13	0.17	0.21	0.25	0.30	0.34	0.38	
1 450	2.19	2.82	3.62	4.39	5.13	5.97	6.82	7.76	0.00	0.05	0.10	0.15	0.20	0.25	0.31	0.36	0.40	0.46	20
1 600	2.33	3.00	3.86	4.68	5.46	6.33	7.20	8.13	0.00	0.06	0.11	0.17	0.23	0.28	0.34	0.39	0.45	0.51	
1 800	2.50	3.23	4.15	5.02	5.83	6.73	7.63	8.46	0.00	0.06	0.13	0.19	0.25	0.32	0.38	0.44	0.51	0.57	25
2 000	2.64	3.42	4.40	5.30	6.13	7.02	7.87	8.60	0.00	0.07	0.14	0.21	0.28	0.35	0.42	0.49	0.56	0.63	
2 200	2.76	3.58	4.60	5.52	6.35	7.19	7.97	8.53	0.00	0.08	0.16	0.23	0.31	0.39	0.46	0.54	0.62	0.70	30
2 400	2.85	3.70	4.75	5.67	6.47	7.25	7.89	8.22	0.00	0.08	0.17	0.25	0.34	0.42	0.51	0.59	0.68	0.76	
2 800	2.96	3.85	4.89	5.76	6.43	6.95	7.14	6.80	0.00	0.10	0.20	0.29	0.39	0.49	0.59	0.69	0.79	0.89	35
3 200	2.94	3.83	4.8	5.52	5.95	6.05	5.60	4.26	0.00	0.11	0.23	0.34	0.45	0.56	0.68	0.79	0.90	1.01	
3 600	2.80	3.63	4.46	4.92	4.98	4.47	3.12	—	0.00	0.13	0.25	0.38	0.51	0.63	0.76	0.89	1.01	1.14	40
4 000	2.51	3.24	3.82	3.92	3.47	2.14	—	—	0.00	0.14	0.28	0.42	0.56	0.70	0.84	0.99	1.13	1.27	
4 500	1.93	2.45	2.59	2.04	0.73	—	—	—	0.00	0.16	0.32	0.48	0.63	0.79	0.95	1.11	1.27	1.43	
5 000	1.09	1.29	0.81	—	—	—	—	—	0.00	0.18	0.36	0.53	0.71	0.89	1.07	1.24	1.42	1.60	

表 3.1.5 V 带的包角修正系数 K_α

小带轮包角 /(°)	K_α	小带轮包角 /(°)	K_α
180	1.00	145	0.91
175	0.99	140	0.89
170	0.98	135	0.88
165	0.96	130	0.86
160	0.95	125	0.84
155	0.93	120	0.82
150	0.92		

表 3.1.6 普通 V 带带长修正系数 K_L

Y L_d	K_L	Z L_d	K_L	A L_d	K_L	B L_d	K_L	C L_d	K_L	D L_d	K_L	E L_d	K_L
200	0.81	405	0.87	630	0.81	930	0.83	1 565	0.82	2 740	0.82	4 660	0.91
224	0.82	475	0.90	700	0.83	1 000	0.84	1 760	0.85	3 100	0.86	5 040	0.92
250	0.84	530	0.93	790	0.85	1 100	0.86	1 950	0.87	3 330	0.87	5 420	0.94
280	0.87	625	0.96	890	0.87	1 210	0.87	2 195	0.90	3 730	0.90	6 100	0.96
315	0.89	700	0.99	990	0.89	1 370	0.90	2 420	0.92	4 080	0.91	6 850	0.99
355	0.92	780	1.00	1 100	0.91	1 560	0.92	2 715	0.94	4 620	0.94	7 650	1.01
400	0.96	920	1.04	1 250	0.93	1 760	0.94	2 880	0.95	5 400	0.97	9 150	1.05
450	1.00	1 080	1.07	1 430	0.96	1 950	0.97	3 080	0.97	6 100	0.99	12 230	1.11
500	1.02	1 330	1.13	1 550	0.98	2 180	0.99	3 520	0.99	6 840	1.02	13 750	1.15
		1 420	1.14	1 640	0.99	2 300	1.01	4 060	1.02	7 620	1.05	15 280	1.17
		1 540	1.54	1 750	1.00	2 500	1.03	4 600	1.05	9 140	1.08	16 800	1.19
				1 940	1.02	2 700	1.04	5 380	1.08	10 700	1.13		
				2 050	1.04	2 870	1.05	6 100	1.11	12 200	1.16		
				2 200	1.06	3 200	1.07	6 815	1.14	13 700	1.19		
				2 300	1.07	3 600	1.09	7 600	1.17	15 200	1.21		
				2 480	1.09	4 060	1.13	9 100	1.21				
				2 700	1.10	4 430	1.15	10 700	1.24				
						4 820	1.17						
						5 370	1.20						
						6 070	1.24						

表 3.1.7 V 带的工作情况系数

工况		K_A					
		空载、轻载起动			重载起动		
		每天工作时间 /h					
		<10	10～16	>16	<10	10～16	>16
载荷变动最小	液体搅拌机、通风机和鼓风机（$P_0 \leqslant 7.5$kW）、离心式水泵和压缩机、轻负荷输送机	1.0	1.1	1.2	1.1	1.2	1.3
载荷变动小	带式输送机（不均匀载荷）、通风机（$P_0 >$7.5kW）、旋转式水泵和压缩机、发电机、金属切削机床、印刷机、旋转筛、锯木机和木工机械	1.1	1.2	1.3	1.2	1.3	1.4

续表

工况		K_A					
		空载、轻载起动			重载起动		
		每天工作时间 /h					
		<10	10～16	>16	<10	10～16	>16
载荷变动较大	制砖机、斗式提升机、往复式水泵和压缩机、起重机、磨粉机、冲剪机床、橡胶机械、振动筛、纺织机械、重载输送机	1.2	1.3	1.4	1.4	1.5	1.6
载荷变动很大	破碎机（旋转式、颚式等）、磨碎机（球磨、棒磨、管磨）	1.3	1.4	1.5	1.5	1.6	1.8

注：1. 空载、轻载起动——电动机（交流起动、三角起动、直流并励），四缸以上的内燃机，装有离心式离合器、液力联轴器的动力机。

2. 重载起动——电动机（联机交流起动、直流复励或串励），四缸以下的内燃机。

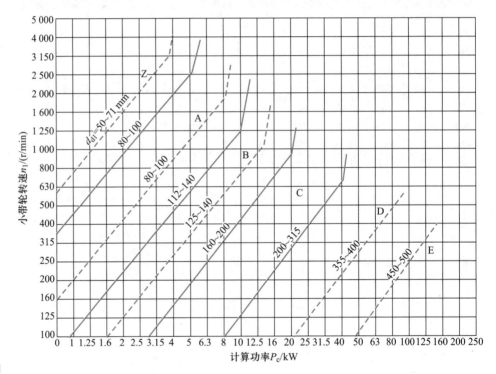

图 3.1.10
普通 V 带选型图

5. 确定中心距 a 和带的基准长度 L_d

（1）初定中心距 a_0。若中心距未给出，可按式（3.1.14）初步确定中心距

$$0.7(d_{d1} + d_{d2}) \leqslant a_0 \leqslant 2(d_{d1} + d_{d2})　　　　（3.1.14）$$

（2）确定带的基准长度 L_d。可根据式（3.1.15）计算 V 带的初选长度 L_0，然后根据初选长度 L_0，由表 3.1.6 选取相应的基准长度 L_d。

$$L_0 = 2a_0 + \frac{\pi}{2}(d_{d1} + d_{d2}) + \frac{(d_{d2} - d_{d1})^2}{4a_0}　　　　（3.1.15）$$

（3）确定实际中心距 a。

$$a = A + \sqrt{A^2 - B}　　　　（3.1.16）$$

式中，$A = \dfrac{L_d}{4} + \dfrac{\pi(d_{d1} + d_{d2})}{8}$，$B = \dfrac{(d_{d2} - d_{d1})^2}{8}$

6. 验算小带轮包角 α_1

$$\alpha_1 = 180° - \frac{d_{d2} - d_{d1}}{a} \times 57.3° \qquad (3.1.17)$$

一般要求 $\alpha_1 \geqslant 120°$，否则应适当增大中心距或减小传动比，也可以加张紧轮进行调整。

7. 确定 V 带根数 z

$$z = \frac{P_c}{[P_0]} = \frac{P_c}{(P_0 + \Delta P_0)K_\alpha K_L} \qquad (3.1.18)$$

带的根数应取整数。为使各带受力均匀，根数不宜过多，一般应满足 $z < 10$。如果计算结果超出范围，应更改 V 带型号或加大带轮直径后重新设计。

8. 计算单根 V 带的初拉力 F_0

初拉力 F_0 不足，易出现打滑；初拉力 F_0 过大，则 V 带寿命缩短，压轴力增大。单根 V 带的初拉力按式（3.1.19）计算

$$F_0 = 500 \frac{P_c}{vz}\left(\frac{2.5}{K_\alpha} - 1\right) + qv^2 \qquad (3.1.19)$$

式中，q 为每米带长的质量，单位为 kg/m，查表 3.1.2 得到。

9. 计算带对带轮轴的压力 F_Q

为了设计支承带轮的轴和轴承，需要确定带作用在带轮轴上的压力 F_Q。如图 3.1.11 所示，F_Q 可近似按两边带的初拉力 F_0 的合力来计算，即

$$F_Q = 2zF_0 \sin\frac{\alpha_1}{2} \qquad (3.1.20)$$

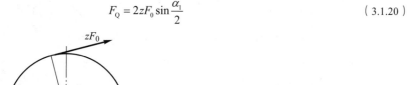
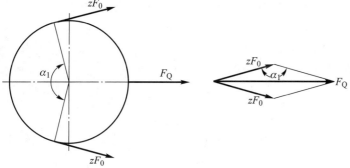

图 3.1.11
V 带作用在轴上的压力

10. 设计 V 带轮

选择 V 带轮的材料，确定其结构类型和尺寸，画出带轮的零件图。

【例 3.1.1】　设计某带式输送机的普通 V 带传动。已知电动机额定功率 $P = 10$kW，转速 $n_1 = 1\ 440$r/min，从动轴转速 $n_2 = 400$r/min，中心距约为 1 500mm，两班制工作。

解：计算过程见表 3.1.8。

表 3.1.8　V 带轮设计实例

序号	计算项目	计算内容	计算结果
1	确定计算功率 P_c	由表 3.1.7 查得 $K_A = 1.3$ $P_c = K_A P = 1.3 \times 10\text{kW} = 13\text{kW}$	$K_A = 1.3$ $P_c = 13\text{kW}$
2	选择带型	根据 $P_c = 13\text{kW}$，$n_1 = 1\,440\text{r/min}$，由图 3.1.10 选用 B 型普 V 通带	B 型
3	确定带轮基准直径	根据表 3.1.2 和图 3.1.10 选取 $d_{d1} = 140\text{mm}$ $d_{d1} = 140\text{mm} > d_{d\min} = 125\text{mm}$ $d_{d2} = \dfrac{n_1}{n_2} d_{d1} = \dfrac{1\,440}{400} \times 140\text{mm} = 504\text{mm}$ 查表 3.1.2，取标准值 $d_{d2} = 500\text{mm}$	$d_{d1} = 140\text{mm}$ $d_{d2} = 500\text{mm}$
4	验算带速	$v = \dfrac{\pi d_{d1} n_1}{60 \times 1\,000} = \dfrac{\pi \times 140 \times 1\,440}{60 \times 1\,000}\,\text{m/s} = 10.55\text{m/s}$	$5\text{m/s} < v < 25\text{m/s}$，符合要求
5	验算带长	已知中心距约为 1\,500mm $L_0 = 2a_0 + \dfrac{\pi}{2}(d_{d1} + d_{d2}) + \dfrac{(d_{d2} - d_{d1})^2}{4a_0}$ $= \left[2 \times 1\,500 + \dfrac{\pi}{2}(140 + 500) + \dfrac{(500 - 140)^2}{4 \times 1\,500} \right]\text{mm}$ $= 4\,026.9\text{mm}$ 查表 3.1.6，取 $L_d = 4\,000\text{mm}$	$L_d = 4\,000\text{mm}$
6	确定中心距	$a = A + \sqrt{A^2 - B} = \left[\dfrac{4\,000}{4} + \dfrac{\pi(140 + 500)}{8} \right.$ $\left. + \sqrt{\left[\dfrac{400}{4} + \dfrac{\pi(140 + 500)}{8} \right]^2 - \dfrac{(500 - 140)^2}{8}} \right]\text{mm}$ $= 2\,499\text{mm}$	$a = 2\,499\text{mm}$
7	验算小带轮包角	$\alpha_1 = 180° - \dfrac{d_{d2} - d_{d1}}{a} \times 57.3°$ $= 180° - \dfrac{500 - 140}{1487} \times 57.3°$ $= 166.13° > 120°$	$\alpha_1 > 120°$，故符合要求
8	计算 V 带的根数	查表 3.1.4，根据内插法 $P_1 = \left[2.47 + \dfrac{1\,440 - 1\,200}{1\,450 - 1\,200} \times (2.82 - 2.47) \right]\text{kW} = 2.80\text{kW}$ 查表 3.1.4，根据内插法 $\Delta P_1 = \left[0.38 + \dfrac{0.46 - 0.38}{1\,440 - 1\,200} \times (1\,450 - 1\,200) \right]\text{kW} = 0.46\text{kW}$ 查表 3.1.5，根据内插法求得 $K_\alpha = 0.96$ 查表 3.1.6，$K_L = 1.12$ $z \geqslant \dfrac{P_c}{(P_1 + \Delta P_1) K_\alpha K_L} = \dfrac{13}{(2.80 + 0.46) \times 0.96 \times 1.12} = 3.71$ 取 $z = 4$	$P_1 = 2.80\text{kW}$ $z = 4$

续表

序号	计算项目	计算内容	计算结果
9	计算单根 V 带的初拉力 F_0	查表 3.1.2，$q=0.17\text{kg/m}$ $F_0 = 500\dfrac{P_c}{vz}\left(\dfrac{2.5}{K_\alpha}-1\right)+qv^2$ $=\left[\dfrac{500\times13}{4\times10.55}\left(\dfrac{2.5}{0.96}-1\right)+0.17\times(10.55)^2\right]\text{N}$ $=266.00\text{N}$	$F_0=266.00\text{N}$
10	计算作用在轴上的压力 F_Q	$F_Q = 2zF_0\sin\dfrac{\alpha_1}{2}$ $=2\times4\times266.00\text{N}\times\sin\dfrac{166.13}{2}$ $=2112.43\text{N}$	$F_Q=2\,112.43\text{N}$
11	带轮的结构尺寸	略	

子任务 3.1.5　带传动的安装和维护

学习目标

1. 熟悉 V 带传动的张紧方法。
2. 熟悉 V 带传动的安装和维护方法。

知识准备

一、V 带传动的张紧

带传动运转一定时间后就会由于塑性变形而松弛，使初拉力减小，传动能力下降，必须重新张紧才能正常工作。

常用的张紧方式有调整中心距和采用张紧轮两种。

1. 调整中心距

如图 3.1.12（a）所示，通过调节螺钉 3，使电动机 1 在滑道 2 上左右移动，以调节两带轮中心距；如图 3.1.12（b）所示，依靠电动机 1 和机架 4 的自重，使电动机带动带摆动，从而实现自动张紧。

2. 采用张紧轮

如图 3.1.13 所示，当中心距不能调节时，可采用张紧轮张紧。张紧轮一般应安装在松边的内侧，使带只受单向弯曲。同时，张紧轮应尽量靠近大轮，以免过分影响小带轮的包角。张紧轮的轮槽尺寸与带轮的相同。

通过调节螺钉张紧

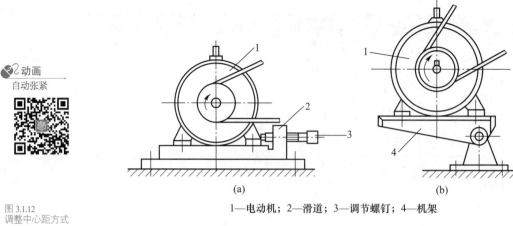

图 3.1.12
调整中心距方式

(a)　　　　　　　　　　　　　　(b)

1—电动机；2—滑道；3—调节螺钉；4—机架

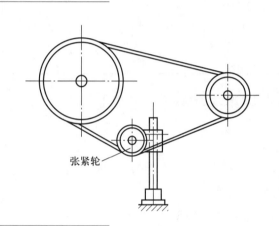

张紧轮

图 3.1.13
采用张紧轮

二、带传动的安装和维护

① 如图 3.1.14 所示，平行轴传动时，两轮轴线应相互平行；两轮相对应的 V 形槽的对称平面应重合，误差不得超过 20′，否则会使带侧面磨损严重。

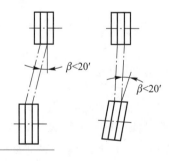

$\beta < 20'$

$\beta < 20'$

图 3.1.14
V 带轮的相对位置

② 安装 V 带时，应通过调整中心距使带张紧，严禁强行撬入和撬出，以免损伤 V 带。

③ 不同厂家的 V 带和新旧不同的 V 带不能同组使用。

④ 安装 V 带时，应按规定的初拉力张紧。对于中等中心距的带传动，可凭经验张紧，带的张紧程度以拇指能将带按下 15mm 为宜，如图 3.1.15 所示。

⑤ 防止带与酸、碱、油接触及在 60° 以上的环境下工作。

⑥ 带传动外面应加防护罩，以防止带脱落伤人及外物卷入。

图 3.1.15
V 带的张紧程度

 做一做

1. 在一般机械传动中，当需要采用带传动时，通常选用（　　　）。

　　A. 圆形带传动　　　　B. 同步带传动　　　C. V 带传动　　　　D. 平带传动

2. 带传动工作时，产生打滑的条件是（　　　）。

　　A. 有效拉力 F＞摩擦力总和的极限值

　　B. 紧边拉力 F_1＞摩擦力总和的极限值

　　C. 紧边拉力 F_1＜摩擦力总和的极限值

　　D. 有效拉力 F＜摩擦力总和的极限值

3. 带传动工作时，带所受的应力包括（　　　）。

　　A. 拉应力 σ_1、σ_2 和弯曲应力 σ_{b1}、σ_{b2}

　　B. 拉应力 σ_1、离心应力 σ_c 和弯曲应力 σ_{b1}

　　C. 拉应力 σ_2、离心应力 σ_c 和弯曲应力 σ_{b2}

　　D. 拉应力 σ_1、σ_2，离心应力 σ_c 和弯曲应力 σ_{b1}、σ_{b2}

4. 普通 V 带传动中，若主动轮圆周速度为 v_1，从动轮圆周速度为 v_2，则（　　　）。

　　A. $v_1 > v_2$　　　　B. $v_1 < v_2$　　　　C. 不确定　　　　D. $v_1 = v_2$

5. V 带传动工作时，带的工作面是（　　　）。

　　A. 底面　　　　B. 顶面　　　　C. 两侧面　　　　D. 底面和两侧面

6. 带传动在正常工作时产生弹性滑动，是由于（　　　）。

　　A. 包角 α_1 太小　　　　　　　　B. 初拉力 F_0 太小

　　C. 紧边与松边拉力不等　　　　　　D. 传动过载

7. V 带传动主要依靠（　　　）传递运动和动力。

　　A. 紧边拉力　　　　　　　　　　　B. 松边拉力

　　C. 带与带轮接触面间的摩擦力　　　D. 初拉力

8. 带传动的主要失效形式是带的（　　　）。

　　A. 疲劳破坏和打滑　　　　　　　　B. 磨损和胶合

　　C. 胶合和打滑　　　　　　　　　　D. 磨损和疲劳点蚀

9. 影响带传动承载能力的主要因素有哪些？

10. 为什么常将带传动配置在机械传动装置的高速级？

11. 带传动的最大应力发生在何处？最大应力由哪几部分组成？

实践与拓展

设计搅拌机上的普通 V 带传动。已知电动机的额定功率为 4kW，转速 n_1=1 440r/min，n_2=500r/min，24h 工作，轻微冲击。

任务 3.2　链传动的分析与应用

微课
链传动的认知

子任务 3.2.1　链传动的认知

 学习目标

熟悉链传动的分类及特点。

 知识准备

一、链传动的组成

链传动由主动链轮 1、从动链轮 3 和绕在链轮上的中间链条 2 组成，如图 3.2.1 所示。链传动靠链条与链轮轮齿的啮合来传递平行轴间的运动和动力。

 动画
链传动

图 3.2.1
链传动

1—主动链轮；2—链条；3—从动链轮

二、链传动的类型

按照用途不同，链传动可分为起重链、牵引链和传动链三大类。起重链、牵引链主要用于起重机械和运输机械，传动链用于一般机械中传递运动和动力。

按结构不同，传动链分为滚子链和齿形链两种类型，如图 3.2.2 所示。

图 3.2.2
传动链的类型

(a) 滚子链

(b) 齿形链

三、链传动的特点及应用

①与带传动相比，链传动能保持准确的平均传动比，且径向压轴力小，适合在低速下工作。

② 与齿轮传动相比，链传动安装精度要求较低，成本低廉，可远距离传动。

③ 链传动由于不能保持恒定的瞬时传动比，传动的平稳性较差，且磨损后会发生跳齿现象，不宜用于高速和急速反向场合。

子任务 3.2.2　滚子链及其链轮结构的认知

学习目标

1. 认识滚子链的结构组成。
2. 认识滚子链链轮的结构组成。

知识准备

一、滚子链的结构

滚子链由滚子、套筒、销轴、内链板和外链板组成，如图 3.2.3 所示。内链板与套筒之间、外链板与销轴之间为过盈配合，滚子与套筒之间、套筒与销轴之间均为间隙配合，使套筒可绕销轴转动、滚子可绕套筒转动。链的磨损主要发生在销轴和套筒的接触面上，因此，内、外链板之间应留少许间隙，以便润滑油深入销轴和套筒的摩擦面间。链板制成"∞"字形，使链板各截面强度大致相等，并减轻了重量。

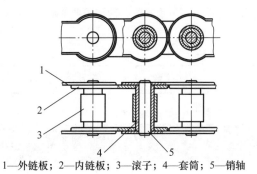

1—外链板；2—内链板；3—滚子；4—套筒；5—销轴

图 3.2.3
滚子链结构

套筒滚子链的接头形式如图 3.2.4 所示。链节数为偶数，节距较大时，接头处用开口销固定，如图 3.2.4（a）所示；节距较小时，接头处用弹簧卡片固定，如图 3.2.4（b）所示。链节数为奇数时，采用过渡链节，如图 3.2.4（c）所示。由于过渡链节的链板是弯的，承载后会受附加弯矩的作用，因此链节数尽量采用偶数。

滚子链上相邻两销轴中心的距离称为节距，用 p 表示，它是链传动的基本特性参数。节距越大，链条各零件的尺寸越大，其承载能力也越大。但节距过大，由链条速度变化和链节咬入链轮产生冲击所引起的动载荷越大，反而会使链的承载能力和寿命降低。因此，当传递的功率较大时，可采用多排链，如图 3.2.5 所示。每排链条之间的距离称为排距，用 p_t 表示。

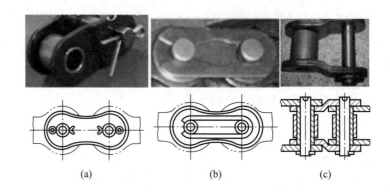

图 3.2.4
滚子链的接头形式

(a)　　　　　　　　　(b)　　　　　　　　　(c)

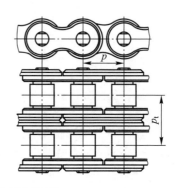

图 3.2.5
双排滚子链结构

滚子链已标准化，其基本参数和尺寸见表 3.2.1。按极限拉伸载荷的大小，套筒滚子链可分为 A、B 两个系列。A 系列用于重载、高速和重要的传动；B 系列用于一般传动。套筒滚子链的标记为

$$\boxed{链号} - \boxed{排数} \times \boxed{链节数} \quad \boxed{标准编号}$$

表 3.2.1　A 系列套筒滚子链的基本参数和尺寸（摘自 GB/T 1243—2006）

链号	节距 p/mm	排距 p_t/mm	滚子直径 d_1/mm	抗拉强度 F_u（单排）/kN
08A	12.70	14.38	7.92	13.9
10A	15.875	18.11	10.16	21.8
12A	19.05	22.78	11.91	31.3
16A	25.40	29.29	15.88	55.6
20A	31.75	35.76	19.05	87.0
24A	38.10	45.44	22.23	125.0
28A	44.45	48.87	25.40	170.0
32A	50.80	58.55	28.58	223.0
36A	57.15	65.84	35.71	281.0
40A	63.50	71.55	39.68	347.0
48A	76.20	87.83	47.63	500.0

例如，08A-2×88 GB/T 1243—2006 表示 A 系列、节距为 12.70mm、双排、88 节的滚子链。

其中，链号数 × 25.4/16mm 即为节距值。节距越大，链的尺寸就越大，承载能力也越高。

二、滚子链链轮的结构

链轮的齿形应保证链轮与链条接触良好，且受力均匀，链条能顺利进入和退出与轮齿的啮合。

滚子链链轮的端面齿槽形状常采用二圆弧齿形（GB/T 1243—2006 规定），如图 3.2.6 所示。

链轮可根据直径的大小分别制成实心式、孔板式和组合式，如图 3.2.7 所示。

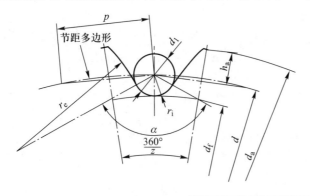

图 3.2.6
链轮端面齿槽形状

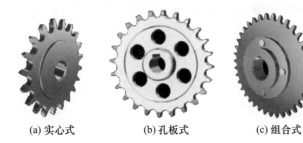

(a) 实心式　　　　　(b) 孔板式　　　　　(c) 组合式

图 3.2.7
链轮结构

链轮轮齿要有足够的接触强度和耐磨性。常用材料为中碳钢（如 35、45），不重要的场合用碳素结构钢（如 Q235、Q275），重要的链轮可采用合金钢（如 40Cr、35SiMn）。小链轮的啮合次数比大链轮多，所受冲击力也大，所用材料一般优于大链轮。

子任务 3.2.3　链传动的运动特性

学习目标

学会分析链传动的运动特性。

知识准备

微课
链传动的运动
特性

由于链条是以折线形状绕在链轮上，相当于链条绕在边长为节距 p、边数为链轮齿数 z 的多边形轮上，如图 3.2.8 所示。

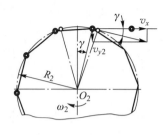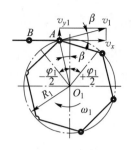

图 3.2.8
链传动的速度分析

由于单个链节为刚性体，因此当链条绕在链轮上时，多边形边长上各点的运动速度并不相等，所以链传动的传动比是指平均链速的传动比。

设两链轮的转速分别为 n_1、n_2，则链的平均速度为

$$v = \frac{z_1 p n_1}{60 \times 1000} = \frac{z_2 p n_2}{60 \times 1000}$$ （3.2.1）

式中，z_1、z_2 分别为主、从动链轮的齿数；p 为链节距。

链传动的传动比为

$$i = \frac{n_1}{n_2} = \frac{z_2}{z_1} = 常数$$ （3.2.2）

由式（3.2.2）求得的链传动传动比是平均值。实际上，链速和链传动比在每一瞬时都是变化的，而且按每一链节的啮合过程做周期性变化。

由上述分析可知，链传动工作时不可避免地会产生振动和冲击，引起附加的动载荷，因此链传动不适用于高速传动。

子任务 3.2.4　滚子链传动的设计

 学习目标

1. 熟悉传动链的失效形式。
2. 学会对滚子链传动的初步设计。

 知识准备

一、传动链的失效形式

1. 疲劳破坏

链传动中各元件均在交变应力作用下工作，经过一定的循环次数后，将会发生疲劳破坏。在正常润滑条件下，链板的疲劳断裂或套筒、滚子表面的疲劳点蚀是闭式链传动的主要失效形式。

2. 铰链磨损

链传动的各元件在工作过程中都会有不同程度的磨损，但主要磨损发生在销轴与套筒

的承压面上。磨损使链条的节距增加，容易产生跳齿和脱链。

3. 销轴与套筒胶合

当链轮转速达到一定值时，链节啮入时的冲击能量增大，销轴和套筒的工作表面温度过高，润滑油膜将会被破坏而产生胶合。

4. 链条的过载拉断

低速、重载工况下，链条会因静强度不足而拉断。

二、额定功率曲线

链传动的不同失效形式限定了传动的承载能力。如图 3.2.9 所示为 A 系列滚子链的额定功率曲线，它是在下列特定试验条件下经试验和分析得出的不同规格链条所能传递的额定功率：① 对于单排链传动，两链轮安装在水平轴上且共面；② 小链轮的齿数 $z_1=19$，传动比 $i=3$；③ 链节数 $L_p=100$；④ 按推荐方式润滑；⑤ 载荷平稳；⑥ 工作寿命为 15 000h。设计时，如与上述条件不符，应对其所传递的功率进行修正。

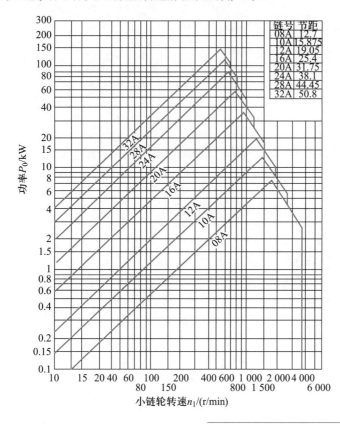

图 3.2.9
链传动的额定功率曲线

三、滚子链传动的设计计算

1. 链传动主要参数的选择

（1）传动比 i。链传动的传动比 i 不宜大于 7，一般推荐 $i=2\sim3.5$。

（2）链轮齿数 z_1、z_2。为保证传动平稳，减少冲击和动载荷，小链轮齿数不宜过少，大链轮齿数（$z_2=iz_1$）不宜过多，通常 $z_2<120$。选择时可参照表 3.2.2。

表 3.2.2　小链轮齿数推荐值

链速 v/(m/s)	＜0.6	0.6～3	3～8	＞8
齿数	≥13～14	＞15～17	≥19～21	≥23

（3）链的节距 p 和排数。在满足承载能力的前提下，尽量选用节距较小的单排链；在高速、大功率条件下，可选用小节距的多排链。

（4）中心距 a 和链节数 L_p。中心距小，则链条在小链轮上的包角较小，啮合的齿数少，导致磨损加剧，且易产生跳齿、脱链等现象。另外，当链速不变时，链条的绕转次数增多，会加剧链的疲劳磨损。若中心距过大，则会因链条松边的垂度大而产生抖动。一般中心距取 $a=(30\sim50)p$，最大中心距 $a_{max}=80p$。

链条的长度常用链节数 L_p 表示，其计算公式为

$$L_p = 2\frac{a}{p} + \frac{z_1+z_2}{2} + \frac{p}{a}\left(\frac{z_2-z_1}{2\pi}\right)^2 \qquad (3.2.3)$$

计算出的链节数 L_p 应圆整为相近的偶数。

由 L_p 计算理论中心距 a

$$a = \frac{p}{4}\left[\left(L_p - \frac{z_1+z_2}{2}\right) + \sqrt{\left(L_p-\frac{z_1+z_2}{2}\right)^2 - 8\left(\frac{z_2-z_1}{2\pi}\right)^2}\right] \qquad (3.2.4)$$

2. 链传动的设计

参照带传动的设计方法，查阅机械设计手册中链传动设计的实例资料，可完成相关链传动的设计计算。

子任务 3.2.5　链传动的布置、张紧和润滑

学习目标

1. 学会布置链传动。

2. 学会对链传动进行张紧。

3. 学会选择链传动的润滑方式。

知识准备

一、链传动的布置

1. 水平布置

水平布置是指两链轮轴线平行，回转面在同一平面内，紧边在上，松边在下，如图 3.2.10（a）所示。这样不易引起脱链和磨损，也不会因松边垂度过大而与紧边相碰或链

与链轮齿产生干涉。

2. 倾斜布置

水平布置无法实现时，可采用倾斜布置。应使两轮轴线与水平面成≤45°的倾角，如图 3.2.10（b）所示。

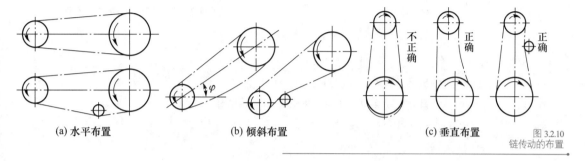

(a) 水平布置　　(b) 倾斜布置　　(c) 垂直布置

图 3.2.10
链传动的布置

3. 垂直布置

尽量避免采用垂直布置。垂直布置时链条下垂量大，链轮有效啮合齿数少，应使上、下轮错开或采用张紧轮，如图 3.2.9（c）所示。

二、链传动的张紧

链传动张紧的目的，主要是避免在链条垂度过大时产生啮合不良和链条振动的现象。一般情况下，链传动设计成中心距可调整的形式，通过调整中心距来张紧链轮。也可采用如图 3.2.11 所示的张紧轮张紧，张紧轮应设在松边。

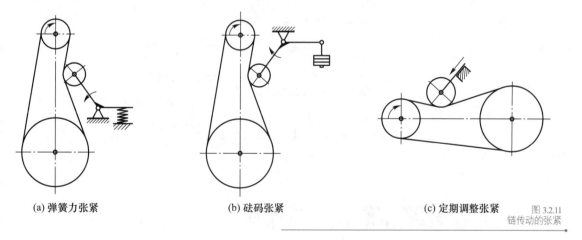

(a) 弹簧力张紧　　(b) 砝码张紧　　(c) 定期调整张紧

图 3.2.11
链传动的张紧

三、链传动的润滑

对链传动而言，良好的润滑可缓和冲击、减轻磨损、延长链条的使用寿命。润滑油推荐牌号为 L-AN32、L-AN46、L-AN68 等全损耗系统用油。对不便于采用润滑油的场合，允许涂抹润滑脂，但应定期清洗与涂抹。

做一做

1. 链传动中，限制链轮最少齿数的目的是（　　　）。

   A. 减小传动的运动不均匀性和动载荷　　B. 防止链磨损后脱链

   C. 使小链轮轮齿受力均匀　　　　　　　D. 防止润滑不良时轮齿加速磨损

2. 链传动张紧的目的主要是（　　　）。

   A. 同带传动一样

   B. 提高链传动工作能力

   C. 避免松边垂度过大而引起啮合不良和链条振动

   D. 增大包角

3. 链传动只能用于轴线（　　　）的传动中。

   A. 相交成 90°　　　　　　　　　　　B. 相交成任一角度

   C. 空间中 90° 交错　　　　　　　　　D. 平行

4. 链传动与带传动相比有哪些优缺点？

5. 链传动的合理布置有哪些要求？

 实践与拓展

如图 3.2.12 所示为一链传动与带传动的组合传动系统。试分析该传动的布置是否合理。

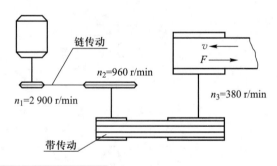

图 3.2.12
组合传动系统

任务 3.3　齿轮传动的分析与应用

微课
齿轮传动机构

子任务 3.3.1　认识齿轮传动机构

 学习目标

1. 熟悉齿轮传动的特点及应用。

2. 掌握齿轮的分类方法。

知识准备

一、齿轮传动的特点

齿轮传动机构是现代机械中应用最广泛的一种传动机构，可以传递空间任意两轴间的运动和动力。与其他传动机构相比，齿轮传动具有以下优点：

① 瞬时传动比恒定。

② 适用范围广，传递功率可达 10^5kW，圆周速度可达 300m/s，转速可达 10^5r/min。

③ 结构紧凑，传动效率高，单级传动效率 $\eta \geqslant 95\%$。

④ 工作可靠，寿命长。

齿轮传动的主要缺点如下：

① 制造和安装精度要求较高，制造工艺复杂，成本高。

② 不适用于远距离的传动。

③ 无过载保护。

二、齿轮传动的分类

1. 根据两齿轮轴线的相对位置和齿向分类（图 3.3.1）

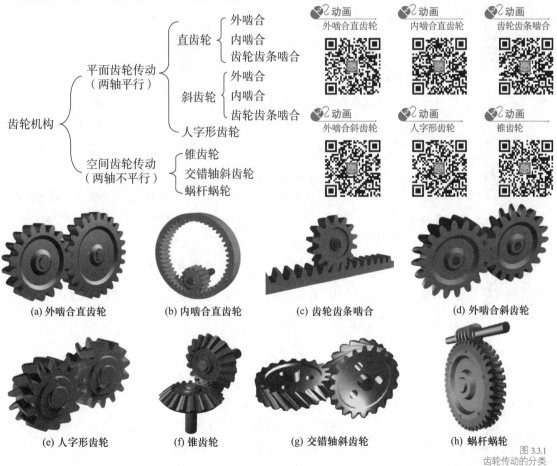

(a) 外啮合直齿轮　　(b) 内啮合直齿轮　　(c) 齿轮齿条啮合　　(d) 外啮合斜齿轮

(e) 人字形齿轮　　(f) 锥齿轮　　(g) 交错轴斜齿轮　　(h) 蜗杆蜗轮

图 3.3.1
齿轮传动的分类

动画
交错轴斜齿轮

2. 根据齿廓线的形状分类

　　根据齿廓线的形状可分为渐开线齿轮、摆线齿轮、圆弧齿轮，本书只涉及应用广泛的渐开线齿轮。

3. 按齿面硬度分类

　　按齿面硬度，齿轮可分为软齿面（硬度＜350HBW）齿轮和硬齿面（硬度≥350HBW）齿轮。

动画
蜗杆蜗轮

子任务 3.3.2　渐开线齿轮齿廓的认知

 学习目标

　　1. 熟知渐开线齿廓的形成、性质。

　　2. 掌握渐开线齿廓的啮合特性。

 知识准备

微课
渐开线的形成

一、渐开线的形成

　　当一直线 NK 沿半径为 r_b 的圆做纯滚动时，直线上任意一点 K 的轨迹称为该圆的渐开线。该圆称为基圆，NK 线称为发生线，r_b 为基圆半径，AK 段渐开线所对应的中心角 θ_K 称为渐开线 AK 段的展角。线段 OK 称为渐开线上点 K 的向径，记作 r_K。

二、渐开线的性质

微课
渐开线的性质

　　① 发生线沿基圆上滚动的线段长度 NK 与基圆上被滚过的弧长 $\overset{\frown}{NA}$ 相等，即 $NK = \overset{\frown}{NA}$。

　　② 发生线沿基圆做纯滚动时，N 是其瞬时转动中心，因此，发生线 NK 是渐开线上点 K 的法线，且线段 NK 为点 K 的曲率半径 ρ_K。又因发生线始终与基圆相切，所以基圆的切线必为渐开线上某一点的法线。

　　③ 渐开线的形状取决于基圆的大小。如图 3.3.2 所示，基圆半径越小，渐开线越弯曲；基圆半径增大时，渐开线趋于平直。当基圆半径为无穷大时，其渐开线将变成直线。

微课
渐开线方程

　　④ 渐开线是从基圆开始向外展开的，因此基圆内无渐开线。

　　⑤ 如图 3.3.3 所示 α_K 是渐开线上点 K 的法线与速度线所夹的锐角，称为该点的压力角，$\cos\alpha_K = \dfrac{ON}{OK}$。渐开线上各点的压力角不相等，离基圆越远，压力角越大。

三、渐开线齿廓的啮合特点

微课
渐开线齿廓的
啮合特点

1. 四线合一

　　如图 3.3.4 所示，两齿轮的齿廓在点 K 接触，过点 K 作两齿廓的公法线 N_1N_2，由渐开线的性质可知，N_1N_2 必同时与两基圆相切，即 N_1N_2 为两基圆的内公切线。齿轮传动时两基圆位置不变，同一方向的内公切线只有一条。所以一对渐开线齿廓从开始啮合到脱离接触，所有的啮合点都在 N_1N_2 线上，故 N_1N_2 线称为啮合线。

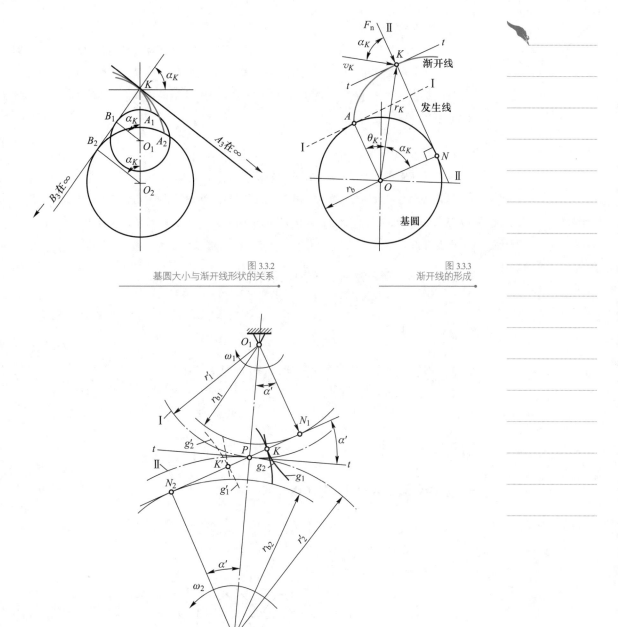

图 3.3.2
基圆大小与渐开线形状的关系

图 3.3.3
渐开线的形成

图 3.3.4
渐开线齿轮的啮合

由于两齿轮啮合传动时其正压力是沿着公法线方向的，因此，对渐开线齿廓的齿轮传动来说，N_1N_2 线为啮合线、过啮合点的公法线、基圆的内公切线和正压力作用线。

N_1N_2 线与连心线 O_1O_2 的交点 P 称为节点。分别以 O_1、O_2 为圆心，并以 O_{1P}、O_{2P} 为半径所作的圆称为节圆，其半径分别用 r'_1、r'_2 表示。

一对齿轮传动时，两齿轮在节点处的速度相等，即 $v_1=v_2$，因此，一对齿轮的啮合可以看作两个节圆的纯滚动。因而

$$i_{12}=\frac{\omega_1}{\omega_2}=\frac{O_2P}{O_1P}=\frac{r'_2}{r'_1}=\frac{r_{b2}}{r_{b1}}=常数 \tag{3.3.1}$$

2. 中心距具有可分性

由式（3.3.1）可知，当一对齿轮加工完成之后，其基圆半径已经确定，因而传动比确定。两齿轮安装、使用过程中，其中心距的微小变化不会改变传动比的大小，此特性称为中心距可分性。该特性使渐开线齿轮对安装、制造误差及轴承磨损误差不敏感，这一点对齿轮传动十分重要。

3. 正压力方向不变

由于齿廓间正压力方向为接触点公法线方向，因此齿廓间正压力方向不会改变。当传递的转矩不变时，正压力的大小也不变，这对齿轮传动的平稳性是有利的。过节点 P 作两节圆的公切线 t—t，它与啮合线 N_1N_2 的夹角 α' 称为啮合角。啮合角 α' 恒等于节圆上的压力角，且为常数。

子任务 3.3.3　渐开线标准直齿圆柱齿轮几何尺寸的计算

 学习目标

1. 掌握渐开线直齿圆柱齿轮各部分的名称及符号。
2. 学会对渐开线标准直齿圆柱齿轮的主要几何尺寸进行计算。

 知识准备

一、齿轮各部分名称及符号（图 3.3.5）

1. 齿数

齿数是齿轮整个圆周上轮齿的总数，用 z 表示。

微课
齿轮各部分
名称

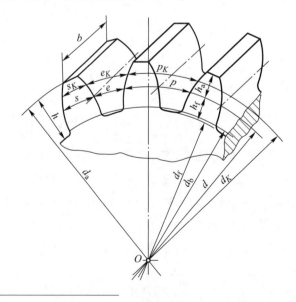

图 3.3.5
齿轮各部分名称及符号

2. 齿顶圆、齿根圆

微课
标准直齿圆柱齿轮的基本参数

齿顶圆：过齿轮各齿顶端的圆称为齿顶圆，其直径和半径分别用 d_a、r_a 表示。

齿根圆：过齿轮各齿槽底部的圆称为齿根圆，其直径和半径分别用 d_f、r_f 表示。

3. 齿厚、齿槽宽、齿距

齿厚：在半径为 r_K 的任意圆周上，同一轮齿的两侧齿廓之间的弧长称为该圆上的齿厚，用 s_K 表示。

齿槽宽：在半径为 r_K 的任意圆周上，同一齿槽的两侧齿廓之间的弧长称为该圆上的齿槽宽，用 e_K 表示。

齿距：在半径为 r_K 的任意圆周上，相邻两齿同侧齿廓间的弧长称为该圆上的齿距，用 p_K 表示。齿距与齿厚和齿槽宽的关系为

$$p_K=e_K+s_K \tag{3.3.2}$$

4. 分度圆

在齿顶圆和齿根圆之间，取一圆作为计算齿轮各部分几何尺寸的基准，该圆称为分度圆，其直径和半径分别用 d、r 表示。分度圆上的齿厚、齿槽宽、齿距分别用 s、e 和 p 表示。

5. 模数

分度圆直径 d 与齿距 p 及齿数 z 的关系为 $\pi d=pz$，$d=pz/\pi$，由于 π 为无理数，将给计算、制造和检验等带来不便。为规范生产和便于互换，人为地把 p/π 规定为简单有理数并标准化，称为齿轮的模数，即

$$d=mz \tag{3.3.3}$$

式中，m 为模数，单位为 mm。

齿轮的模数已标准化，表 3.3.1 所列为标准模数系列的一部分。

表 3.3.1　标准模数系列（GB/T 1357—2008）　mm

第 I 系列	1	1.25	1.5	2	2.5	3	4	5	6	8	10
	12	16	20	25	32	40	50				
第 II 系列	1.125	1.375	1.75	2.25	2.75	3.5	4.5	5.5	(6.5)	7	9
	11	14	18	22	28	36	45				

注：1. 本表适用于渐开线圆柱齿轮，对斜齿轮是指法面模数。

2. 优先采用第 I 系列，括号内的模数尽可能不用。

6. 压力角

渐开线上各点的压力角是变化的。为设计、制造方便，国家标准规定分度圆上的压力角为标准压力角，其标准值为 $\alpha=20°$。在汽车、航空工业中，α 有时会采用 $22.5°$、$25°$ 等。

7. 齿顶高、齿根高、全齿高

介于分度圆与齿顶圆的部分称为齿顶，其径向距离称为齿顶高，用 h_a 表示。介于分度圆与齿根圆的部分称为齿根，其径向距离称为齿根高，用 h_f 表示。齿根圆与齿顶圆的径向距离称为全齿高，用 h 表示。

$$h_a = h_a^* m \qquad\qquad (3.3.4)$$

$$h_f = (h_a^* + c^*) m \qquad\qquad (3.3.5)$$

$$h = h_a + h_f \qquad\qquad (3.3.6)$$

式中，h_a^* 为齿顶高系数；c^* 为顶隙系数。

国家标准规定，正常齿制 $h_a^* = 1$，$c^* = 0.25$。

8. 齿宽

齿宽是轮齿的轴向宽度，用 b 表示。

9. 中心距

相啮合的两齿轮中心的距离称为中心距，用 a 表示。

二、标准直齿圆柱齿轮几何尺寸计算

m、a、h_a^*、c^* 和 z 是渐开线齿轮几何尺寸计算的五个基本参数。m、a、h_a^* 和 c^* 均为标准值，且 $s=e$ 的齿轮称为标准齿轮。

1. 外啮合标准直齿圆柱齿轮

外啮合标准直齿圆柱齿轮传动的参数和几何尺寸计算公式见表 3.3.2。

表 3.3.2　标准直齿圆柱齿轮传动的参数和几何尺寸计算公式

序号	名称	代号	公式与说明
1	分度圆直径	d	$d_1 = mz_1$；$d_2 = mz_2$
2	齿顶高	h_a	$h_a = h_a^* m$
3	齿根高	h_f	$h_f = (h_a^* + c^*) m$
4	全齿高	h	$h = h_a + h_f$
5	齿顶圆直径	d_a	$d_{a1} = d_1 + 2h_a = m(z_1 + 2h_a^*)$ $d_{a2} = m(z_2 + 2h_a^*)$
6	齿根圆直径	d_f	$d_{f1} = d_1 - 2h_f = m(z_1 - 2h_a^* - 2c^*)$ $d_{f2} = m(z_2 - 2h_a^* - 2c^*)$
7	分度圆齿距	p	$p = \pi m$
8	分度圆齿厚	s	$s = \dfrac{1}{2}\pi m$
9	分度圆齿槽宽	e	$e = \dfrac{1}{2}\pi m$
10	基圆直径	d_b	$d_{b1} = d_1 \cos\alpha = mz_1 \cos\alpha$ $d_{b2} = mz_2 \cos\alpha$
11	标准中心距	a	$a = \dfrac{1}{2}(d_1 + d_2) = \dfrac{1}{2}m(z_1 + z_2)$

2. 内齿轮与齿条

如图 3.3.6 所示为一直齿圆柱内齿轮。相同基圆的内、外齿轮的齿廓曲线为完全相同的渐开线，其齿厚相当于外齿轮的齿槽宽；齿顶圆直径小于分度圆直径，齿根圆直径大于分度圆直径，齿顶圆直径 d_a、齿根圆直径 d_f 公式分别为

$$d_a = d - 2h_a$$

$$d_f = d + 2h_f$$

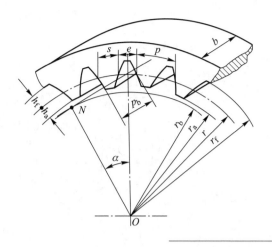

图 3.3.6
直齿圆柱内齿轮各部分代号

如图 3.3.7 所示为一齿条。当齿轮的齿数增加到无穷多时，渐开线齿廓曲线变为直线，同时齿顶圆、齿根圆、分度圆也相应变为齿顶线、齿根线和分度线（齿条中线）。

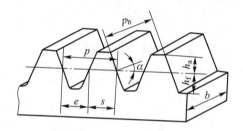

图 3.3.7
齿条各部分代号

与渐开线直齿圆柱齿轮相比，齿条具有以下特点：

（1）齿面任意高度上的压力角相等，都等于标准值 20º。

（2）齿的任意高度处的齿距相等，都等于分度线上的齿距 $p=\pi m$，但只有分度线上的齿厚与齿槽宽相等，即 $s=e=\pi m/2$，因此称其为齿条中线。

子任务 3.3.4　渐开线直齿圆柱齿轮啮合传动分析

学习目标

1. 学会分析渐开线直齿圆柱齿轮啮合传动。

2. 掌握直齿轮正确啮合的条件。

3. 掌握直齿轮连续传动的条件。

4. 学会计算标准中心距。

知识准备

一、渐开线齿轮的啮合过程

如图 3.3.8 所示，轮齿进入啮合时，首先是主动轮 1 的根部齿廓与从动轮 2 的齿顶

动画
渐开线齿轮的
啮合过程

图 3.3.8
渐开线齿轮的啮合过程

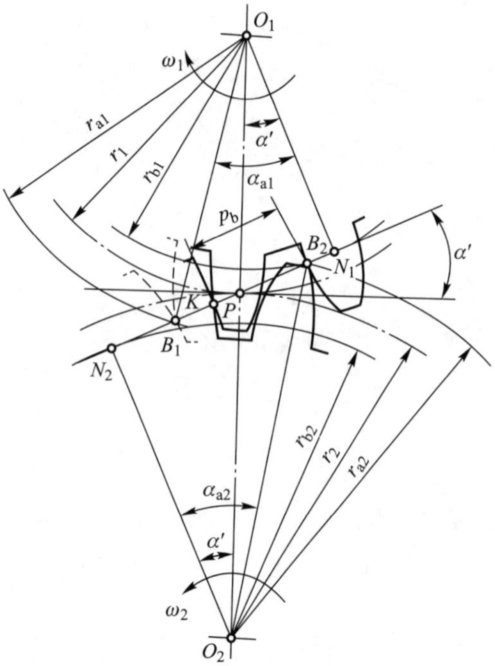

1—主动轮；2—从动轮

在 B_2 点接触，随后啮合点沿 N_1N_2 移动，当啮合传动进行到主动轮的齿顶与从动轮的根部齿廓在 B_1 点接触时，两轮齿即将脱离接触。因此，B_2 点是起始啮合点，B_1 点是终止啮合点，线段 B_1B_2 是啮合过程中啮合点的实际轨迹，称为实际啮合线。如果将两齿轮的齿顶圆加大，则 B_1、B_2 分别向 N_1、N_2 靠近，线段 B_1B_2 变长。但因基圆内无渐开线，所以两齿轮的齿顶圆不能超过 N_1、N_2 点。因此，N_1N_2 是理论上最长的啮合线段，称为理论啮合线段。N_1、N_2 点称为极限啮合点。

二、正确啮合条件

如图 3.3.9 所示，当前一对轮齿在 K' 点接触，后一对轮齿在 K 点接触。这时，齿轮 1 和齿轮 2 的法向齿距（相邻两个轮齿同侧齿廓之间在法线上的距离）相等，且均等于 KK'。由渐开线的性质可知，法向齿距等于两齿轮基圆上的齿距，因此

$$p_{b1}=p_{b2}$$

$$\pi m_1\cos \alpha_1=\pi m_2\cos \alpha_2$$

由于齿轮的模数和压力角均已经标准化，因此应使

$$\begin{cases} m_1 = m_2 = m \\ \alpha_1 = \alpha_2 = \alpha \end{cases} \tag{3.3.7}$$

可见，渐开线齿轮正确啮合的条件是：两齿轮的模数和压力角应分别相等且为标准值。

由此可以推出一对啮合齿轮的传动比为

$$i_{12}=\frac{\omega_1}{\omega_2}=\frac{r_2'}{r_1'}=\frac{r_{b2}}{r_{b1}}=\frac{d_2\cos \alpha}{d_1\cos \alpha}=\frac{mz_2}{mz_1}=\frac{z_2}{z_1} \tag{3.3.8}$$

三、连续传动条件

要使两齿轮实现连续传动，应保证前一对轮齿尚未脱离啮合时后一对轮齿就已进入啮合，如图 3.3.10 所示。因此，要求实际啮合线 B_1B_2 应大于或等于基圆齿距 $p_b=B_2K$，即

$$B_1B_2 \geqslant p_b \qquad (3.3.9)$$

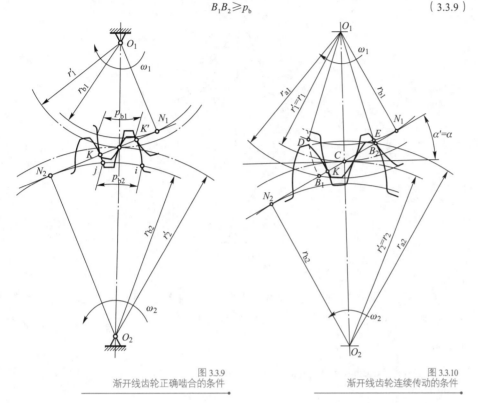

动画
渐开线齿轮正确啮合的条件

动画
渐开线齿轮连续传动的条件

图 3.3.9
渐开线齿轮正确啮合的条件

图 3.3.10
渐开线齿轮连续传动的条件

故连续传动的条件可表达为

$$\varepsilon = \frac{B_1B_2}{p_b} \geqslant 1 \qquad (3.3.10)$$

式中，ε 为重合度。重合度 ε 越大，表示同时参加啮合的轮齿对数越多，轮齿的承载能力越强，传动越平稳。

四、标准中心距

如图 3.3.11 所示，安装时，若标准齿轮的节圆与分度圆重合，则这种安装称为标准安装。此时的中心距称为标准中心距，用 a 表示，其计算式为

$$a = r_1' + r_2' = \frac{m(z_1 + z_2)}{2} \qquad (3.3.11)$$

在满足正确啮合条件的情况下，标准直齿圆柱齿轮的 $e_1=s_2=s_1=e_2=\dfrac{\pi m}{2}$，此时两齿轮实现无侧隙啮合。但两齿轮在径向上留有间隙 c，其值为一齿轮的齿根高减去另一齿轮的齿顶高，即

$$c=(h_a^*+c^*)m-h_a^*m=c^*m \qquad (3.3.12)$$

c 称为标准顶隙。

应指出，无侧隙啮合对避免齿轮传动过程中产生冲击、振动、噪声是有利的。

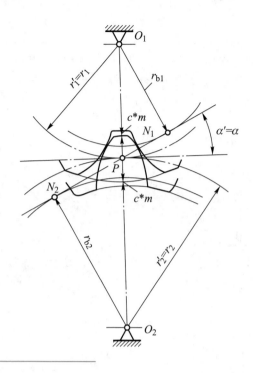

图 3.3.11
无侧隙啮合

为了保证齿面润滑，避免轮齿因摩擦发生热膨胀而产生卡死现象，齿轮传动应留有很小的侧隙。此侧隙一般在制造时由齿厚负偏差来保证，而在设计计算齿轮尺寸时仍按无侧隙计算。

子任务 3.3.5　渐开线齿轮的加工

学习目标

1. 熟悉仿形法的原理及应用。
2. 掌握展成法的原理及应用。

知识准备

齿轮的切削加工按其原理可分为仿形法和展成法两类。

一、仿形法

仿形法是在普通铣床上，用轴向剖面形状与被切齿轮齿槽形状完全相同的盘状铣刀或指状铣刀加工齿轮的方法，如图 3.3.12 所示。铣完一个齿槽后，用分度头将齿坯转过 $\dfrac{360°}{z}$ 再铣下一个齿槽，直到铣出所有的齿槽为止。

由于渐开线齿廓形状取决于基圆的大小，而基圆半径 $r_b=(mz\cos\alpha)/2$。对模数和压力角相同而齿数不同的齿轮，应采用不同的刀具，在实际生产中这是不现实的。生产中通常用同一刀号的铣刀加工同模数、不同齿数的齿轮，各号铣刀加工齿轮的齿数范围见表 3.3.3。

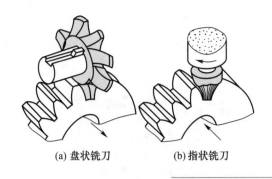

(a) 盘状铣刀　　　　　(b) 指状铣刀

图 3.3.12
仿形法加工齿轮

表 3.3.3　圆盘铣刀加工齿轮的齿数范围

刀号	1	2	3	4	5	6	7	8
加工齿数范围	12～13	14～16	17～20	21～25	26～34	35～54	55～134	135 以上

二、展成法

　　展成法是目前齿轮加工最常用的一种方法。它是利用一对齿轮无侧隙啮合时，两轮的齿廓互为包络线的原理加工齿轮。加工时，刀具与齿坯的运动就像一对互相啮合的齿轮，最后刀具将齿坯切削为渐开线齿廓。用展成法加工齿轮时，常用的刀具有以下三种。

1. 齿轮插刀

　　齿轮插刀是一个齿廓为切削刃的外齿轮，如图 3.3.13 所示。

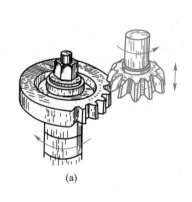

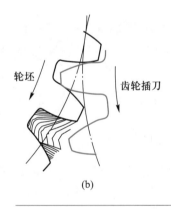

轮坯　　　　　　　齿轮插刀

(a)　　　　　　　　　　　　(b)

图 3.3.13
齿轮插刀加工齿轮

2. 齿条插刀

　　齿条插刀是一个齿廓为切削刃的齿条，如图 3.3.14 所示。

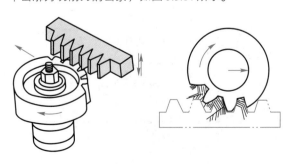

图 3.3.14
齿条插刀加工齿轮

3. 齿轮滚刀

齿轮滚刀的轴向剖面齿廓为精确的直线齿廓，滚刀转动时相当于齿条在移动，可以实现连续加工，生产率高，如图 3.3.15 所示。

动画
齿轮滚刀加工齿轮

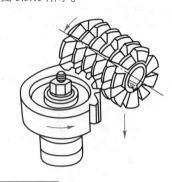

图 3.3.15
齿轮滚刀加工齿轮

用展成法加工齿轮时，只要刀具与被切齿轮的模数和压力角相同，不论被加工齿轮的齿数是多少，都可以用同一把刀具来加工，这给生产带来了很大的方便，因此展成法得到了广泛的应用。

子任务 3.3.6　渐开线齿廓的根切现象分析

学习目标

1. 学会分析展成法加工的根切现象。
2. 学会分析标准外啮合直齿轮的最少齿数。

知识准备

一、根切现象

用展成法加工齿轮时，若刀具齿顶线超过理论啮合线极限点 N_1，如图 3.3.16 所示，被加工齿轮齿根附近的渐开线齿廓将被切去一部分，这种现象称为根切。

动画
根切的产生

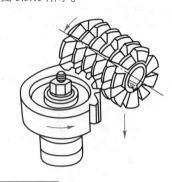

图 3.3.16
根切的产生

根切极大削弱了轮齿的弯曲强度，降低了齿轮传动的平稳性和重合度，因此应力求避免。

二、标准外啮合直齿轮的最少齿数

如图 3.3.17 所示为齿条插刀加工标准外齿轮，齿条插刀的分度中线与齿轮的分度圆相切。要使被切齿轮不产生根切，刀具齿顶线不得超过理论啮合线极限点 N 点，即

$$h_a^* m \leqslant NM$$

而 $NM = PN\sin\alpha = r\sin^2\alpha = \dfrac{mz}{2}\sin^2\alpha$，整理后得出 $z \geqslant \dfrac{2h_a^*}{\sin^2\alpha}$，即

$$z_{min} = \frac{2h_a^*}{\sin^2\alpha} \tag{3.3.13}$$

当 $\alpha = 20°$、$h_a^* = 1$ 时，$z_{min} = 17$。

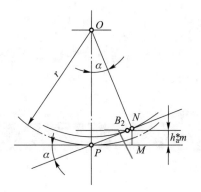

图 3.3.17
避免根切的条件

子任务 3.3.7　变位齿轮传动的认知

学习目标

1. 了解变位齿轮的概念。

2. 了解变位齿轮几何尺寸的计算方法。

知识准备

一、变位齿轮的概念

加工齿轮时，当刀具齿顶线超过理论啮合线极限点 N_1 时，齿轮会发生根切现象。如果将刀具移离齿坯至实线位置，如图 3.3.18 所示，使齿顶线低于极限点 N_1，则切出的齿轮不会发生根切。这种通过改变刀具与齿坯相对位置后加工出来的齿轮称为变位齿轮，刀具移动的距离 xm 称为变位量。其中，m 为模数；x 称为变位系数。

二、变位齿轮的几何尺寸

变位齿轮的齿数、模数、压力角都与标准齿轮相同，所以其分度圆直径、基圆直径和

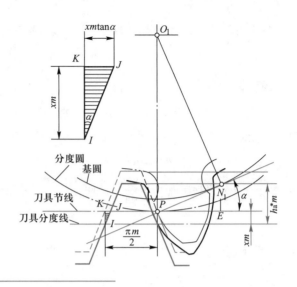

图 3.3.18
变位齿轮

齿距也都与标准齿轮相同，但其齿厚、齿顶圆直径、齿根圆直径等都发生了变化。外啮合变位直齿轮基本尺寸见表 3.3.4。

表 3.3.4　外啮合变位直齿轮基本尺寸的计算公式

名称	符号	计算公式
分度圆直径	d	$d=mz$
齿厚	s	$s=\dfrac{\pi m}{2}+2xm\tan\alpha$
啮合角	α'	$\cos\alpha'=\dfrac{a}{a'}\cos\alpha$
节圆直径	d'	$d'=\dfrac{d\cos\alpha}{\cos\alpha'}$
中心距变动系数	y	$y=\dfrac{a'-a}{m}$
齿高变动系数	σ	$\sigma=x_1+x_2-y$
齿顶高	h_a	$h_a=(h_a^*+x-\sigma)m$
齿根高	h_f	$h_f=(h_a^*+c^*-x)m$
齿高	h	$h=(2h_a^*+c^*-\sigma)m$
齿顶圆直径	d_a	$d_a=d+2h_a$
齿根圆直径	d_f	$d_f=d-2h_f$
中心距	a'	$a'=\dfrac{d_1'+d_2'}{2}$
公法线长度	W_k	$W_k=m\cos\alpha[(K-0.5)\pi+z\mathrm{inv}\,\alpha]+2xm\sin\alpha$

子任务 3.3.8　齿轮传动的失效形式与设计准则

学习目标

1. 熟悉齿轮传动的失效形式。
2. 学会针对不同失效形式选择齿轮的设计准则。

知识准备

一、齿轮传动常见的失效形式

齿轮传动常见的失效形式有轮齿折断、齿面点蚀、齿面胶合、齿面磨损及齿面塑性变形等。

> 微课
> 齿轮传动常见
> 的失效形式及
> 设计准则

1. 轮齿折断

轮齿折断有两种情况：一是在交变载荷作用下，当齿根弯曲应力超过弯曲疲劳极限时，齿根处产生疲劳裂纹，裂纹逐渐扩展致使轮齿折断，这种折断称为疲劳折断，如图 3.3.19（a）所示；二是当轮齿在短时间内受到严重过载或冲击载荷时，也可能发生突然折断，这种折断称为过载折断，如图 3.3.19（b）所示。

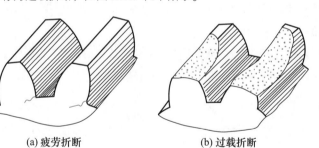

(a) 疲劳折断　　　　　　　(b) 过载折断

图 3.3.19
轮齿折断

防止轮齿折断的措施：增大齿根圆角半径；消除齿根处的加工痕迹，以降低应力集中；对轮齿进行喷丸、碾压等冷作处理等。

2. 齿面点蚀

轮齿工作时，齿面啮合点处的接触应力是脉动循环应力。当接触应力超过齿轮材料的接触疲劳极限时，齿面上产生裂纹，裂纹扩展致使表层金属微粒剥落，形成小麻点，这种现象称为齿面点蚀。实践表明，疲劳点蚀通常首先出现在齿根部分靠近节线处（图 3.3.20），这是由于齿面节线附近相对滑动速度小，难以形成润滑油膜，摩擦力较大；节线附近往往为单齿对啮合，接触应力较大。

齿面疲劳点蚀是软齿面闭式传动中轮齿的主要失效形式。防止齿面点蚀的措施：提高齿面硬度；降低表面粗糙度 Ra 值；尽量采用黏度大的润滑油，以保证良好的润滑状态等。

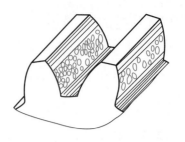

图 3.3.20
齿面点蚀

3. 齿面胶合

在高速重载齿轮传动中，齿面间的高温、高压使油膜破裂，相啮合两齿面局部金属发生黏着，轮齿的相对滑动致使较硬金属齿面将较软金属齿面表层沿滑动方向撕划出沟槽，这种现象称为胶合。

防止齿面胶合的措施：提高齿面硬度和降低表面粗糙度 Ra 值；选用抗胶合能力强的齿轮副材料等。

4. 齿面磨损

轮齿在啮合过程中存在相对滑动，致使齿面间产生摩擦、磨损。金属微粒、砂粒、灰尘等硬质磨粒进入轮齿间将引起磨粒磨损，如图 3.3.21 所示。齿面磨损使渐开线齿廓遭到破坏，并使侧隙增大而引起冲击和振动，严重时会因齿厚减薄而导致轮齿折断。新齿轮传动的跑合磨损会使齿面的表面粗糙度 Ra 值降低，对传动是有利的，但跑合结束后应更换润滑油，以免发生磨粒磨损。

齿面磨损是开式传动的主要失效形式。采用闭式传动、提高齿面硬度、降低齿面的表面粗糙度 Ra 值及采用清洁的润滑油等均可以减轻齿面磨损。

5. 齿面塑性变形

当轮齿材料较软而载荷较大时，轮齿表层材料将沿着摩擦力方向发生塑性变形，导致主动轮工作齿面节线附近形成凹沟，从动轮工作齿面上形成凸脊，影响齿轮的正常啮合，如图 3.3.22 所示。

采用提高齿面硬度、选用黏度较高的润滑油等方法，可防止齿面的塑性变形。

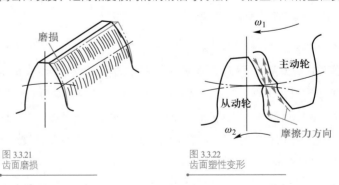

图 3.3.21
齿面磨损

图 3.3.22
齿面塑性变形

二、设计准则

设计齿轮传动时，应根据实际工作条件和使用条件分析主要失效形式，然后选择相应的设计准则进行设计计算。

1. 闭式软齿面齿轮（硬度小于 350HBW）传动

主要失效形式为齿面点蚀，设计准则为按齿面接触疲劳强度设计，再按齿根弯曲疲劳强度校核。

2. 闭式硬齿面齿轮（硬度不小于 350HBW）传动

主要失效形式为轮齿折断，设计准则为按齿根弯曲疲劳强度设计，再按齿面接触疲劳强度校核。

3. 开式硬齿面齿轮传动

主要失效形式为齿面磨损和因磨损而导致的折断。由于磨损的机理比较复杂，目前尚无成熟的设计计算方法，通常只按齿根弯曲疲劳强度进行设计，再将求得的模数增大 10%～20%，以考虑磨损对轮齿折断的影响。

子任务 3.3.9　齿轮常用材料及许用应力

学习目标

1. 熟悉齿轮传动的常用材料。
2. 学会计算齿轮材料的许用应力。

知识准备

一、常用齿轮材料

由齿轮失效分析可知，对齿轮材料的基本要求为齿面要硬，齿芯要韧，具有足够的强度。为满足这一要求，应对轮齿进行适当的热处理，因此，齿轮材料还应具有良好的热处理工艺性。

1. 锻钢

钢材经锻造镦粗后，可改善内部纤维组织，其力学性能较轧制钢材好，所以重要齿轮都采用锻钢制成。

（1）软齿面齿轮。常用中碳钢和中碳合金钢，如 45、40Cr 等，进行调质和正火处理。软齿面齿轮由于硬度较低，因此承载能力不高，但其易于跑合，这种齿轮适用于强度和精度要求不高的场合。

因为小齿轮受载次数比大齿轮多，为使两齿轮轮齿强度相等，在确定大、小齿轮硬度时，要注意使小齿轮的齿面硬度比大齿轮的高 30HBW～50HBW。

（2）硬齿面齿轮。常用中碳钢和中碳合金钢，如 45、40Cr 等，经表面淬火处理，硬度可达 55HRC；若用低碳钢和低合金钢，如 20、20Cr 等，则需在渗碳后淬火，其硬度可达 56HRC～62HRC。

2. 铸钢

当齿轮直径大于 500mm 时，轮坯不易锻造，可采用铸钢。铸钢轮坯在切削加工以前，一般要进行正火处理，以消除铸件残余应力，细化晶粒。

3. 铸铁

低速、轻载场合可以采用铸铁毛坯。当齿轮直径大于 500mm 时，可制成大齿圈或轮辐式齿轮。铸铁齿轮的加工性能、抗点蚀性能、抗胶合性能均较好，但其强度低，耐磨性能和抗冲击性能差。

球墨铸铁的力学性能优于灰铸铁，可代替铸钢制造大直径闭式齿轮。

4. 非金属材料

尼龙或塑料能减小高速齿轮传动的噪声，适用于高速、小功率、精度要求不高的场合。

齿轮常用材料及其力学性能见表 3.3.5。

表 3.3.5 齿轮常用材料及其力学性能

材料牌号	热处理方法	抗拉强度 R_m/MPa	屈服强度 R_{cl}/MPa	齿面硬度 HBW	接触疲劳许用应力 $[\sigma_H]$/MPa	弯曲疲劳许用应力 $[\sigma_F]$/MPa
HT300	—	300	—	187～255	290～340	80～105
QT600-3		600	—	190～270	436～535	262～315
ZG310-570	正火	580	320	163～197	270～301	171～189
ZG340-600		650	350	179～207	288～306	182～196
45		580	290	162～217	468～513	280～301
ZG340-640		700	380	241～269	468～490	248～259
45	调质	650	360	217～255	513～545	301～315
35SiMn		750	450	217～269	612～675	427～504
40Cr		700	450	241～286	612～675	399～427
45	调质后表面淬火	—	—	40HRC～50HRC	972～1 053	427～504
40Cr		—	—	48HRC～55HRC	1 035～1 098	483～518
20Cr	渗碳后淬火	650	400	56HRC～62HRC	1 350	645
20CrMnTi		1 100	850	56HRC～62HRC	1 350	645

二、齿轮的许用应力

齿轮的许用应力 $[\sigma]$ 是试验齿轮在特定的条件下经疲劳试验测得疲劳极限应力 σ_{lim}，并对其进行适当修正得出的。修正时主要考虑应力循环次数的影响和可靠度。

齿面接触疲劳许用应力 $[\sigma_H]$ 为

$$[\sigma_{\mathrm{H}}] = \frac{\sigma_{\mathrm{Hlin}}Z_{\mathrm{NT}}}{S_{\mathrm{H}}}$$ （3.3.14）

齿根弯曲疲劳许用应力 $[\sigma_{\mathrm{F}}]$ 为

$$[\sigma_{\mathrm{F}}] = \frac{\sigma_{\mathrm{Flim}}Y_{\mathrm{NT}}}{S_{\mathrm{F}}}$$ （3.3.15）

式中，σ_{Hlim} 和 σ_{Flim} 分别为齿轮材料的接触疲劳极限和弯曲疲劳极限 Z_{NT}、Y_{NT} 分别为试验齿轮的接触疲劳强度计算寿命系数和弯曲疲劳强度计算寿命系数；S_{H}、S_{F} 为安全系数。

σ_{Hlim} 和 σ_{Flim} 是在特定的试验条件下，在持久寿命期内，失效概率为 1% 时的疲劳极限应力，其值可根据齿轮材料、热处理方法和齿面硬度分别由图 3.3.23 和图 3.3.24 查取。应注意：① 若齿面硬度介于两数值之间或超出框图范围，可近似按插值法查取 σ_{lim} 值；② 图中的 σ_{Hlim} 和 σ_{Flim} 值为脉动循环应力状态下的极限应力，在对称循环应力状态下，应将从图中查取的 σ_{Hlim} 和 σ_{Flim} 值乘以 0.7。

Z_{NT}、Y_{NT} 分别由图 3.3.25 和图 3.3.26 查取。图中 N 为应力循环次数，$N=60njL_{\mathrm{h}}$（n 为齿轮转速，单位为 r/min；j 为齿轮每转一周同侧齿面啮合的次数；L_{h} 为齿轮的工作寿命，单位为 h）。

S_{H}、S_{F} 的值可由表 3.3.6 查取。

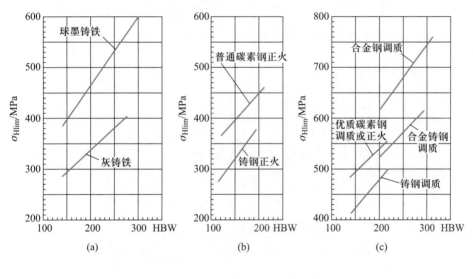

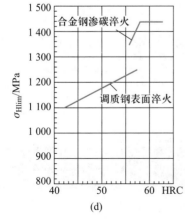

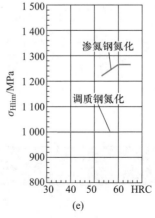

图 3.3.23
齿轮材料的接触疲劳极限应力 σ_{Hlim}

89

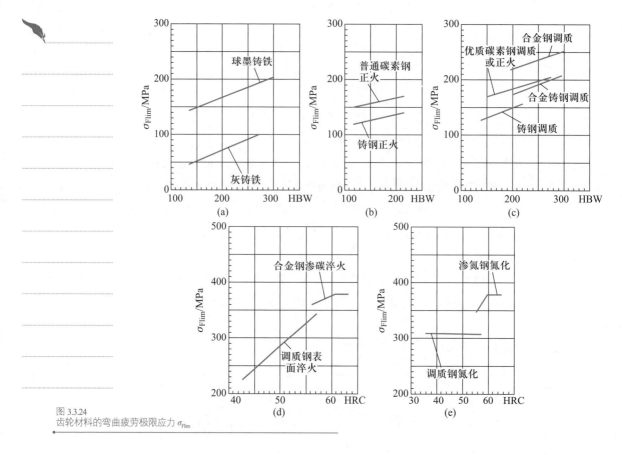

图 3.3.24
齿轮材料的弯曲疲劳极限应力 σ_{Flim}

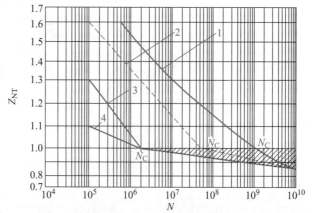

1—允许存在一定点蚀的结构钢、调质钢、球墨铸铁 (珠光体、贝氏体)、
珠光体可锻铸铁、渗碳淬火的渗碳钢；2—材料同1，不允许出现点蚀；
3—灰铸铁、球墨铸铁 (铁素体)、渗氮的渗氮钢、渗氮处理的调质钢、
渗碳钢；4—碳氮共渗的调质钢、渗碳钢

图 3.3.25
接触疲劳强度寿命系数 Z_{NT}

表 3.3.6　安全系数 S_F 和 S_H

安全系数	软齿面	硬齿面	重要的传动、渗碳淬火齿轮或铸造齿轮
S_F	1.3～1.4	1.4～1.6	1.6～2.2
S_H	1.0～1.1	1.1～1.2	1.3

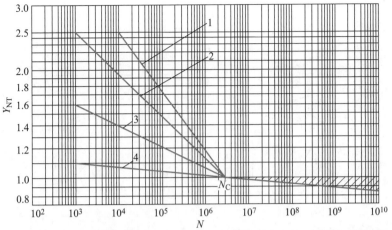

1—调质钢调质、球墨铸铁(珠光体、贝氏体)、珠光体可锻铸铁；2—渗碳淬火的渗碳钢、
火焰或感应淬火的钢、球墨铸铁；3—渗氮的渗氮钢、球墨铸铁(铁素体)、渗碳钢、
结构钢、灰铸铁；4—碳氮共渗的调质钢、渗碳钢

图 3.3.26
弯曲疲劳强度寿命系数 Y_{NT}

子任务 3.3.10　渐开线标准直齿圆柱齿轮传动的强度计算

学习目标

1. 学会对渐开线标准直齿圆柱齿轮进行受力分析。

2. 学会计算齿面接触疲劳强度。

3. 学会计算齿根弯曲疲劳强度。

知识准备

一、齿轮的受力分析

一对啮合齿轮轮齿间的作用力 F_n 始终沿着啮合线垂直指向啮合齿面，F_n 称为法向力，其在节点 P 处可分解为两个相互垂直的分力，即切于分度圆的圆周力 F_t 和指向轮心的径向力 F_r，如图 3.3.27 所示。

根据力的平衡条件可得出作用在主动轮上力的大小和方向。

微课
齿轮的受力分析

1. 力的大小

$$\left.\begin{array}{l} F_t = \dfrac{2T_1}{d_1} \\[2mm] F_r = F_t \tan \alpha' \\[2mm] F_n = \dfrac{F_t}{\cos \alpha'} \end{array}\right\}　（3.3.16）$$

式中，T_1 为主动轮传递的名义转矩，$T_1 = 9.55 \times 10^6 P/n_1$，单位为 N·mm（$P$ 为齿轮传递的名义功率，单位为 kW；n_1 为主动轮的转速，单位为 r/min）；d_1 为主动轮的分度圆直径，单位为 mm；α' 为啮合角，对于标准齿轮，$\alpha' = \alpha = 20°$。

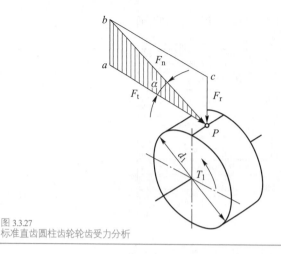

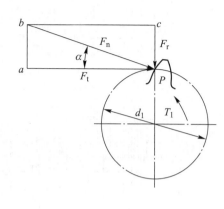

图 3.3.27
标准直齿圆柱齿轮轮齿受力分析

2. 力的方向

圆周力 F_t 在主动轮上与回转方向相反，径向力 F_r 沿半径方向指向齿轮的轮心。作用在从动轮上的力与主动轮上的同名力大小相等、方向相反，即 $F_{t1}=-F_{t2}$，$F_{r1}=-F_{r2}$。

二、轮齿的计算载荷

由于齿轮、轴、轴承的加工、安装误差及弹性变形等会引起载荷集中，使实际载荷增加，在进行齿轮强度计算时，通常用计算载荷 F_{nc} 代替名义载荷 F_n

$$F_{nc} = KF_n \qquad (3.3.17)$$

式中，K 为载荷系数，由表 3.3.7 查取。

表 3.3.7　载 荷 系 数

工作机械	载荷性质	原动机		
		电动机	多缸内燃机	单缸内燃机
均匀加料的运输机和加料机、轻型卷扬机、发电机、机床辅助传动装置	均匀、轻微冲击	1～1.2	1.2～1.6	1.6～1.8
不均匀加料的运输机和加料机、重型卷扬机、球磨机、机床主传动装置	中等冲击	1.2～1.6	1.6～1.8	1.8～2.0
压力机、轧机、破碎机、挖掘机	大的冲击	1.6～1.8	1.9～2.1	2.2～2.4

注：斜齿、圆周速度低、精度高、齿宽系数小、齿轮在两轴承间对称布置时取小值；直齿、圆周速度高、精度低、齿宽系数大、齿轮在两轴承间不对称布置时取大值。

微课
齿轮的强度
计算

三、齿面接触疲劳强度计算

齿面点蚀是因为接触应力过大而引起的，通常以节点处的接触应力来计算齿面接触疲劳强度。一对钢质外啮合渐开线标准直齿轮的齿面接触疲劳强度校核公式为

$$\sigma_H = 668\sqrt{\dfrac{KT_1(u \pm 1)}{bd_1^2 u}} \leqslant [\sigma_H] \qquad (3.3.18)$$

式中，σ_H 为齿面接触疲劳强度，单位为 MPa；K 为载荷系数；T_1 为主动轮上的转矩，单位为 N·mm；u 为齿数比，$u = \dfrac{z_{大}}{z_{小}} > 1$；"+"号用于外啮合，"-"号用于内啮合；$b$ 为齿宽，

单位为 mm。

为了便于计算，引入齿宽系数 ψ_d（$\psi_d = \dfrac{b}{d_1}$，见表 3.3.8）并代入式（3.3.18），得到齿面接触疲劳强度的设计公式为

$$d_1 \geqslant 76.43 \sqrt[3]{\frac{KT_1(u \pm 1)}{\psi_d u [\sigma_H]^2}} \qquad （3.3.19）$$

应用式（3.3.19）时应注意以下两方面：

① 两齿轮的齿面接触疲劳应力大小相同，即 $\sigma_{H1} = \sigma_{H2}$。

② 两齿轮的齿面接触疲劳许用应力 $[\sigma_{H1}]$ 与 $[\sigma_{H2}]$ 一般不同，进行强度计算时应选用较小值。

表 3.3.8　齿宽系数 ψ_d

齿轮相对于轴承的位置	齿面硬度	
	软齿面（≤350HBW）	硬齿面（>350HBW）
对称布置	0.8～1.4	0.4～0.9
不对称布置	0.6～1.2	0.3～0.6
悬臂布置	0.3～0.4	0.2～0.25

四、齿根弯曲疲劳强度计算

为了防止齿轮在工作时发生轮齿折断，应限制轮齿根部的弯曲应力。进行轮齿弯曲应力计算时，假定全部载荷由一对轮齿承受且作用于齿顶处，此时齿根所受的弯曲力矩最大。计算时，将轮齿看作宽度为 b 的悬臂梁，如图 3.3.28 所示。其危险截面可用 30° 切线法确定，即作与轮齿对称中心线成 30° 夹角并与齿根圆角相切的斜线，两切点的连线就是危险截面的位置。

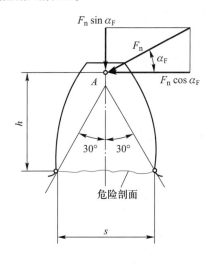

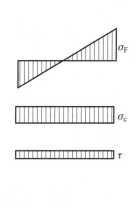

图 3.3.28
齿根应力图

经推导可得，一对外啮合渐开线标准直齿轮的齿根弯曲疲劳强度校核公式为

$$\sigma_F = \frac{2KT_1}{bmd_1} Y_F Y_S = \frac{2KT_1}{bm^2 z_1} Y_F Y_S \leqslant [\sigma_F] \qquad （3.3.20）$$

式中，Y_F 为齿形系数，由表 3.3.9 查取；Y_S 为应力修正系数，由表 3.3.10 查取。

表 3.3.9　标准齿轮的齿形系数 Y_F

z	12	14	16	17	18	19	20	22	25	28	30	35	40	45	50	60	80	100	≥200
Y_F	3.47	3.22	3.03	2.97	2.91	2.85	2.81	2.75	2.65	2.58	2.54	2.47	2.41	2.37	2.35	2.30	2.25	2.18	1.14

表 3.3.10　标准齿轮的应力修正系数 Y_S

z	12	14	16	17	18	19	20	22	25	28	30	35	40	45	50	60	80	100	≥200
Y_S	1.44	1.47	1.51	1.53	1.54	1.55	1.56	1.58	1.59	1.61	1.63	1.65	1.67	1.69	1.71	1.73	1.77	1.80	1.88

齿根弯曲强度的设计公式为

$$m \geqslant 1.26 \sqrt[3]{\frac{KT_1 Y_F Y_S}{\psi_d z_1^2 [\sigma_F]}} \qquad (3.3.21)$$

应注意以下两方面：

① 通常两个相啮合齿轮的齿数是不同的，齿形系数 Y_F 和应力修正系数 Y_S 都不相等，而且齿轮的齿根弯曲疲劳许用应力 $[\sigma_F]$ 也不一定相等，因此，应分别校核两齿轮的齿根弯曲疲劳强度。

② 在设计计算时，应将两齿轮的 $\dfrac{Y_F Y_S}{[\sigma_F]}$ 值进行比较，取其中较大者代入式（3.3.21）中进行计算，计算所得模数应圆整成标准值。

子任务 3.3.11　齿轮结构的设计

学习目标

学会选择正确的齿轮结构形式。

知识准备

齿轮的结构形式有齿轮轴、实体式、腹板式、轮辐式等，具体结构应根据工艺要求及经验公式确定。

1. 齿轮轴

动画
齿轮轴

当齿轮的齿根圆至键槽底部的距离 $x \leqslant (2 \sim 2.5)m$ 时，应将齿轮与轴做成一体，称为齿轮轴，如图 3.3.29 所示。

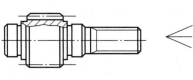
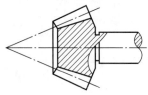

图 3.3.29
齿轮轴

2. 实体式齿轮

当齿轮的齿顶圆直径 $d_a \leqslant 200\text{mm}$ 时，可采用实体式结构，如图 3.3.30 所示，这种结构的齿轮常用锻钢制造。

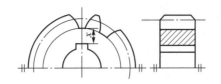

图 3.3.30
实体式齿轮

动画
实体式齿轮

3. 腹板式齿轮

当齿顶圆直径 d_a=200～500mm 时，可采用腹板式结构，如图 3.3.31 所示。这种结构的齿轮多用锻钢制造，其各部分尺寸由图中的经验公式确定。

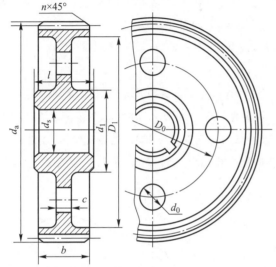

动画
腹板式齿轮

$d_1=1.6d_s$(d_s为轴径)
$D_0=\frac{1}{2}(D_1+d_1)$
$D_1=d_a-(10\sim12)m_n$
$d_0=0.25(D_1-d_1)$
$c=0.3b$
$l=(1.2\sim1.3)d_s\geq b$
$n=0.5m$

图 3.3.31
腹板式齿轮

4. 轮辐式齿轮

当齿顶圆直径 d_a＞500mm 时，可采用轮辐式结构，如图 3.3.32 所示。这种结构的齿轮多用铸钢或铸铁制造，其各部分尺寸由图中的经验公式确定。

动画
轮辐式齿轮

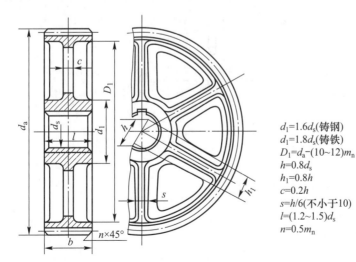

$d_1=1.6d_s$(铸钢)
$d_1=1.8d_s$(铸铁)
$D_1=d_a-(10\sim12)m_n$
$h=0.8d_s$
$h_1=0.8h$
$c=0.2h$
$s=h/6$(不小于10)
$l=(1.2\sim1.5)d_s$
$n=0.5m_n$

图 3.3.32
轮辐式齿轮

子任务 3.3.12　齿轮传动的润滑

 学习目标

学会选择正确的齿轮润滑方式。

 知识准备

润滑对齿轮传动十分重要。良好的润滑不仅可以减少摩擦，延长齿轮的使用寿命，还可以起到冷却和防锈蚀的作用。常用润滑方式如下：

1）半开式及开式齿轮传动或速度较低（0.8～2m/s）的闭式齿轮传动，可采用人工定期加润滑油或润滑脂的方式进行润滑。

2）闭式齿轮传动通常采用油润滑，其润滑方式根据以下齿轮的圆周速度 v 而定：

① 当 $v \leq 12m/s$ 时，可用油浴润滑（图 3.3.33），大齿轮的浸油深度通常约为一个齿高，且一般不得小于 10mm；多级齿轮传动中，可采用带油轮的油浴润滑（图 3.3.34）。

② 当 $v > 12m/s$ 时，应采用喷油润滑（图 3.3.35），用油泵以一定的压力供油，借喷嘴将润滑油喷到齿面上。

动画
油浴润滑

动画
带油轮的油浴润滑

动画
喷油润滑

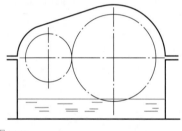

图 3.3.33
油浴润滑

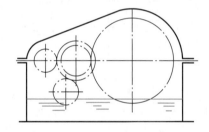

图 3.3.34
带油轮的油浴润滑

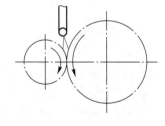

图 3.3.35
喷油润滑

子任务 3.3.13　齿轮传动的设计

 学习目标

1. 学会选择齿轮的主要参数。

2. 学会设计直齿圆柱齿轮。

 知识准备

一、齿轮主要参数的选择

1. 压力角

国家标准规定，一般用途齿轮传动的标准压力角为 20°。

2. 传动比

总传动比 $i<8$ 时采用一级齿轮传动。如果传动比大时仍采用一级传动，将导致大、小齿轮尺寸差别过大，所以这种情况下要采用分级传动。因此，当总传动比 $i=8\sim40$ 时，通常采用二级传动；若总传动比 $i>40$，则采用三级或三级以上传动。一般对于直齿圆柱齿轮传动，$i\leqslant5$。

3. 齿数

对于闭式软齿面齿轮传动，在满足弯曲疲劳强度的前提下，宜选取较小的模数和较多的齿数。这样不但可以增大重合度、改善传动的平稳性，而且可以减少金属切削量，节省制造费用。z_1 宜取较大值，通常取 $z_1=20\sim40$。

闭式硬齿面齿轮的传动承载能力主要取决于齿根弯曲疲劳强度，为使轮齿不致过小，z_1 宜取较小值，最少齿数以不发生根切为限，通常 $z_1=17\sim20$。

大齿轮的齿数 $z_2=iz_1$。对于载荷平稳的齿轮传动，为了有利于跑合，两齿轮齿数为简单的整数比；对于载荷不稳定的齿轮传动，两轮齿数应互为质数，以减少或避免周期性传动，这有利于使所有齿轮磨损均匀，提高其耐磨性。

4. 齿宽系数

齿宽系数 $\psi_d=\dfrac{b}{d_1}$，当 d_1 一定时，增大齿宽系数，齿宽必然增大，可提高齿轮的承载能力。但齿宽过大，会增大载荷沿齿向分布的不均匀性，造成严重偏载，因此齿宽系数 ψ_d 应适当，其值可从表 3.3.8 中选取。

为补偿加工和装配误差，通常小齿轮应比大齿轮宽一些，两者的关系为 $b_1=b_2+(5\sim10)$mm，其中，b_1、b_2 分别为小齿轮和大齿轮的齿宽。

二、齿轮精度等级的选择

渐开线圆柱齿轮精度等级的国家标准为 GB/T 10095.1—2001，其中规定了 13 个精度等级，0 级的精度最高，12 级的精度最低，常用的精度等级为 6～9 级。

在设计齿轮传动时，应根据齿轮的用途、使用条件、传递的圆周速度和功率大小等，选择齿轮精度等级。表 3.3.11 所列为常见机器中齿轮精度等级的选用范围。表 3.3.12 所列为齿轮常用精度等级的应用范围。

表 3.3.11　常见机器中齿轮的精度等级

机器名称	精度等级	机器名称	精度等级
汽轮机	3～6	通用减速器	6～8
金属切削机床	3～8	锻压机床	6～9
轻型汽车	5～8	起重机	7～10
载重汽车	7～9	矿山用卷扬机	8～10
拖拉机	6～8	农业机械	8～11

表 3.3.12　齿轮常用精度等级的应用范围

齿轮的精度等级			6 级	7 级	8 级	9 级
加工方法			用展成法在精密机床上精磨或精剃	用展成法在精密机床上精插或精滚，对淬火齿轮需要磨齿或研齿等	用展成法插齿或滚齿	用展成法或仿形法粗滚或铣削
齿轮表面粗糙度 $Ra/\mu m$（不大于）			0.80～1.60	1.60～3.2	3.2～6.3	6.3
用途			用于分度机构或高速重载的齿轮，如机床、精密仪器、汽车、船舶、飞机中的重要齿轮	用于高、中速重载的齿轮，如机床、内燃机中较重要的齿轮，以及标准系列减速器中的齿轮	一般机械中的齿轮，不属于分度系统的机床齿轮，飞机、拖拉机中不重要的齿轮，纺织机械、农业机械中的重要齿轮	轻载传动的不重要齿轮，低速传动、对精度要求低的齿轮
圆周速度 $v/(m/s)$	圆柱齿轮	直齿	≤15	≤10	≤5	≤3
		斜齿	≤25	≤17	≤10	≤3.5
	锥齿轮	直齿	≤9	≤6	≤3	≤2.5

三、齿轮设计实例

【例 3.3.1】　设计单级直齿圆柱齿轮减速器中的齿轮传动，已知：传递功率 P_1= 5kW，n_1=960r/min，齿数比 u=4.8，工作寿命为 10 年（每年 300 个工作日），双班制。

解：设计步骤见表 3.3.13。

表 3.3.13　齿轮设计实例

序号	计算项目	计算内容	计算结果
1	选择齿轮材料及精度等级	小齿轮选用 45 钢调质，硬度为 220HBW～250HBW；大齿轮用 45 钢正火，硬度为 170HBW～210HBW。因为是普通减速器，所以选用 8 级精度	8 级精度
2	选择齿数	z_1=24，u=4.8，z_2=iu=24×4.8=115.2，取 z_2=115	z_1=24；z_2=115

续表

序号	计算项目	计算内容	计算结果
3	按齿面接触疲劳强度设计	(1) 计算小齿轮的名义转矩 T_1 $T_1 = 9.55 \times 10^6 \dfrac{P}{n_1} = 9.55 \times 10^6 \dfrac{5}{960} \text{N} \cdot \text{mm} = 49\,739.6 \text{N} \cdot \text{mm}$ (2) 确定载荷系数 K。查表 3.3.7，取载荷系数 $K=1.1$ (3) 查表 3.3.8，选齿宽系数 $\psi_d = 0.8$ (4) 计算齿面接触疲劳许用应力 $[\sigma_H]$。由图 3.3.23 查得 $\sigma_{Hlim1}=590$MPa，$\sigma_{Hlim2}=480$MPa；由表 3.3.6 查得 $S_H=1$，则 $N_1 = 60njL_h = 60 \times 960 \times 1 \times (2 \times 8 \times 300 \times 10) = 2.76 \times 10^9$ $N_2 = \dfrac{N_1}{u} = \dfrac{2.76 \times 10^9}{4.8} = 5.76 \times 10^8$ 由图 3.3.25 查得 $Z_{N1}=1$，$Z_{N2}=1$，则 $[\sigma_{H1}] = \dfrac{\sigma_{H\lim1} Z_{N1}}{S_H} = \dfrac{590 \times 1}{1} \text{MPa} = 590 \text{MPa}$ $[\sigma_{H2}] = \dfrac{\sigma_{H\lim2} Z_{N2}}{S_H} = \dfrac{480 \times 1}{1} \text{MPa} = 480 \text{MPa}$ 故 $d_1 \geqslant 76.43 \sqrt[3]{\dfrac{KT_1(u \pm 1)}{\psi_d u [\sigma_H]^2}} = 76.43 \sqrt[3]{\dfrac{1.1 \times 49\,739.6 \times (4.8+1)}{0.8 \times 4.8 \times 480^2}} \text{mm} = 55.578 \text{mm}$ $m = \dfrac{d_1}{z_1} = \dfrac{55.578}{24} \text{mm} = 2.399 \text{mm}$ 查表 3.3.1，取标准模数 $m=2.5$mm	$m=2.5$mm
4	主要尺寸计算	$d_1 = mz_1 = 2.5 \times 24 \text{mm} = 60 \text{mm}$ $d_2 = mz_2 = 2.5 \times 115 \text{mm} = 287.5 \text{mm}$ $b = \psi_d d_1 = 0.8 \times 60 \text{mm} = 48 \text{mm}$ 经圆整后取 $b_2 = 50$mm $b_1 = b_2 + 5 \text{mm} = 55 \text{mm}$ $a = \dfrac{1}{2} m(z_1 + z_2) = \dfrac{1}{2} \times 2.5 \times (24+115) \text{mm} = 173.75 \text{mm}$	$d_1=60$mm $d_2=287.5$mm $b_2=50$mm $b_1=55$mm $a=173.75$mm
5	按齿根弯曲疲劳强度校核	(1) 确定齿形系数 Y_F。由表 3.3.9 查得 $Y_{F1}=2.65$，$Y_{F2}=2.168$ (2) 确定应力修正系数 Y_S。由表 3.3.10 查得 $Y_{S1}=1.58$，$Y_{S2}=1.802$ (3) 计算许用弯曲应力 $[\sigma_F]$。由图 3.3.24 查得 $\sigma_{Flim1}=205$MPa，$\sigma_{Flim2}=180$MPa；由表 3.3.6 查得 $S_F=1.4$；由图 3.3.26 查得 $Y_{NT1}=Y_{NT2}=1$，则 $[\sigma_{F1}] = \dfrac{\sigma_{F\lim1} Y_{N1}}{S_F} = \dfrac{205 \times 1}{1.4} \text{MPa} = 146.4 \text{MPa}$ $[\sigma_{F2}] = \dfrac{\sigma_{F\lim2} Y_{N2}}{S_F} = \dfrac{180 \times 1}{1.4} \text{MPa} = 128.6 \text{MPa}$ 故 $\sigma_{F1} = \dfrac{2KT_1}{bm^2 z_H} Y_{F1} Y_{S1} = \dfrac{2 \times 1.1 \times 49\,739.6}{50 \times 2.5^2 \times 24} \times 2.65 \times 1.58 \text{MPa} = 61.09 \text{MPa} \leqslant [\sigma_{F1}]$ $= 321.4 \text{MPa}$ $\sigma_{F2} = \dfrac{2KT_1}{bm^2 z_1} Y_{F2} Y_{S2} = \dfrac{2 \times 1.1 \times 49\,739.6}{50 \times 2.5^2 \times 24} \times 2.168 \times 1.802 \text{MPa} = 57.00 \text{MPa} \leqslant [\sigma_{F2}]$ $= 278.5 \text{MPa}$ 齿根弯曲强度校核合格	$\sigma_{F1} = 61.09$MPa $< [\sigma_{F1}]$ $\sigma_{F2} = 128.6$MPa $< [\sigma_{F2}]$ 齿根弯曲强度校核合格

续表

序号	计算项目	计算内容	计算结果
6	验算齿轮的圆周速度 v	$v = \dfrac{\pi d_1 n_1}{60 \times 1000} = \dfrac{\pi \times 60 \times 960}{60 \times 1000}\,\mathrm{m/s} = 3.01\,\mathrm{m/s}$ 由表 3.3.12 可知，选 8 级精度是合适的	圆周速度 v 满足 8 级精度
7	绘制齿轮零件图	略	

任务 3.3.14　平行轴斜齿圆柱齿轮传动的认知

 学习目标

1. 熟悉斜齿轮的啮合特点。
2. 掌握斜齿圆柱齿轮的基本参数。
3. 学会计算斜齿轮的几何尺寸。
4. 学会对斜齿轮啮合传动进行分析。
5. 学会进行斜齿轮的受力分析。

 知识准备

一、齿廓曲面的形成

具有一定厚度的渐开线直齿圆柱齿轮的齿廓形成过程如图 3.3.36（a）所示。平面 S 与基圆柱相切于母线 NN，当平面 S 沿基圆柱做纯滚动时，其上与母线平行的直线 KK 在空间中所走过的轨迹即为渐开线曲面，平面 S 称为发生面，形成的曲面即为直齿轮的齿廓曲面。

斜齿轮齿廓曲面的形成与直齿轮的齿廓曲面相似，只是 KK 不再与齿轮的轴线平行，而是与它成一交角 β_b，如图 3.3.36（b）所示。当发生面 S 沿基圆柱做纯滚动时，直线 KK 上各点展成的渐开线集合形成了斜齿轮的渐开螺旋曲面。β_b 称为基圆柱上的螺旋角。

二、斜齿圆柱齿轮的啮合特点

与直齿圆柱齿轮传动相比，斜齿圆柱齿轮传动具有以下啮合特性：

（1）传动平稳，承载能力大。直齿圆柱齿轮啮合时，齿面的接触线均平行于齿轮轴线，因此轮齿是沿整个齿宽同时进入、同时退出啮合的。而斜齿轮啮合时，接触线长度由零逐渐增加到最大值，然后又由最大值逐渐减小到零，所以斜齿轮所受力不具有突加性。

（2）重合度大。一对斜齿轮轮齿在前端面（相当于直齿轮）即将退出啮合时，后端面还在啮合中，因此，斜齿轮的重合度等于与其端面齿廓相同的直齿轮传动的重合度加由轮齿倾斜产生的附加重合度。

（3）传动时产生轴向力。这对传动和支承都是不利的。

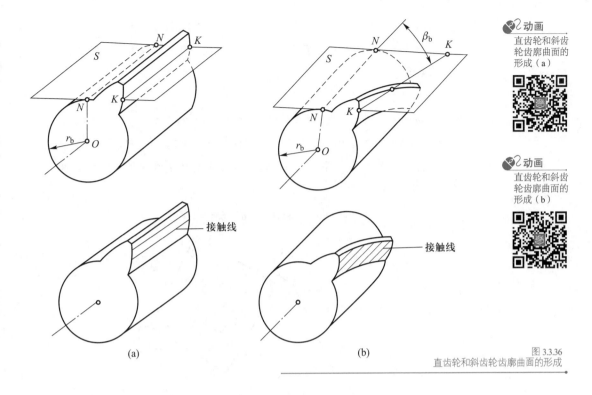

动画
直齿轮和斜齿轮齿廓曲面的形成（a）

动画
直齿轮和斜齿轮齿廓曲面的形成（b）

接触线

接触线

|(a)|(b)|

图 3.3.36
直齿轮和斜齿轮齿廓曲面的形成

三、斜齿圆柱齿轮的基本参数和几何尺寸计算

1. 基本参数

（1）螺旋角。如图 3.3.37 所示，将斜齿圆柱齿轮的分度圆柱展开，该圆柱上的螺旋线与齿轮轴线间的夹角，即为分度圆柱上的螺旋角，用 β 表示，通常取 $\beta = 8° \sim 20°$。根据螺旋线的方向，斜齿轮分为右旋和左旋两种，如图 3.3.38 所示。

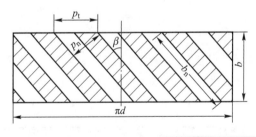

图 3.3.37
斜齿轮展开图

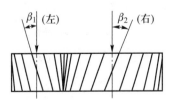

图 3.3.38
斜齿轮轮齿的旋向

（2）模数。斜齿圆柱齿轮上垂直于齿轮轴线的平面称为端面，垂直于分度圆柱螺旋线的平面称为法面。加工斜齿轮的轮齿时，所用刀具与直齿轮相同，但刀具要沿轮齿的螺旋

线方向进刀，因此，斜齿轮上垂直于轮齿方向的法面齿形应与刀具的齿形相同。

国家标准规定，斜齿轮的法面参数（m_n、α_n、h_{an}^*、c_n^*）为标准值。端面模数 m_t 和法面模数 m_n 的关系为

$$m_n=m_t\cos\beta \tag{3.3.22}$$

式中，m_n、m_t 分别为斜齿轮的法面模数和端面模数；β 为螺旋角。

（3）压力角。如图 3.3.39 所示，因斜齿圆柱齿轮和斜齿条啮合时，它们的法面压力角和端面压力角应分别相等，所以斜齿圆柱齿轮法面压力角 α_n 和端面压力角 α_t 的关系可以通过斜齿条得到，即

$$\tan\alpha_n=\tan\alpha_t\cos\beta \tag{3.3.23}$$

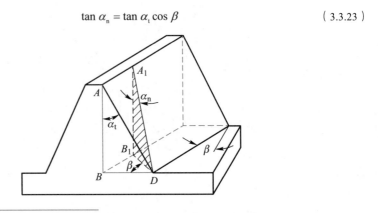

图 3.3.39
端面压力角和法面压力角

（4）齿顶高系数及顶隙系数。斜齿轮的齿顶高和齿根高不论从端面还是从法面来看都是相等的，即

$$h_{an}^*m_n=h_{at}^*m_t;\quad c_n^*m_n=c_t^*m_t$$

因为 $m_n=m_t\cos\beta$，所以

$$\left.\begin{array}{l}h_{at}^*=h_{an}^*\cos\beta\\c_t^*=c_n^*\cos\beta\end{array}\right\} \tag{3.3.24}$$

2. 几何尺寸计算

斜齿轮的啮合在端面上相当于一对直齿轮的啮合，因此，将斜齿轮的端面参数代入直齿轮的计算公式中，就可以得到斜齿轮的相应几何尺寸，见表 3.3.14。

表 3.3.14　标准斜齿外齿轮传动的几何尺寸

名称	符号	计算公式	名称	符号	计算公式
齿顶高	h_a	$h_a=h_{an}^*m_n$	齿顶圆直径	d_a	$d_a=d+2h_a$
齿根高	h_f	$h_f=(h_{an}^*+c_n^*)m_n$	齿根圆直径	d_f	$d_f=d-2h_f$
齿高	h	$h=h_a+h_f$	中心距	a	$a=(d_1+d_2)/2$
分度圆直径	d	$d=m_tz$			

四、斜齿轮的正确啮合条件

从端面看，一对斜齿轮的啮合相当于直齿轮的啮合，所以两齿轮的端面模数和端面压力角分别相等。除此之外，两齿轮的螺旋角也应大小相等、方向相反，即

$$\left.\begin{array}{l} m_{\mathrm{t}1}=m_{\mathrm{t}2} \\ \alpha_{\mathrm{t}1}=\alpha_{\mathrm{t}2} \\ \beta_1=-\beta_2 \end{array}\right\} \quad 或 \quad \left.\begin{array}{l} m_{\mathrm{n}1}=m_{\mathrm{n}2} \\ \alpha_{\mathrm{n}1}=\alpha_{\mathrm{n}2} \\ \beta_1=-\beta_2 \end{array}\right\} \qquad (3.3.25)$$

五、斜齿轮的重合度

如图 3.3.40 所示为斜齿轮与斜齿条在前端面的啮合情况。齿廓在 A 点进入啮合，在 E 点终止啮合。但从俯视图来分析，当前端面开始脱离啮合时，后端面仍在啮合区，只有当后端面脱离啮合时，这对齿才终止啮合。当后端面脱离啮合时，前端面已到达 H 点，所以从前端面进入啮合到后端面脱离啮合，前端面走过了 FH 段，故斜齿轮的重合度为

$$\varepsilon = \frac{FH}{p_{\mathrm{t}}} = \frac{FG+GH}{p_{\mathrm{t}}} = \varepsilon_{\mathrm{t}} + \frac{b\tan\beta}{p_{\mathrm{t}}} \qquad (3.3.26)$$

式中，ε_{t} 为端面重合度，其值等于与斜齿轮端面齿廓相同的直齿轮传动的重合度；$b\tan\beta/p_{\mathrm{t}}$ 为斜齿轮产生的附加重合度。斜齿轮传动的重合度随齿宽 b 和螺旋角 β 的增大而增大，根据传动需要可以达到很大的值，所以斜齿轮传动平稳、承载能力较强。

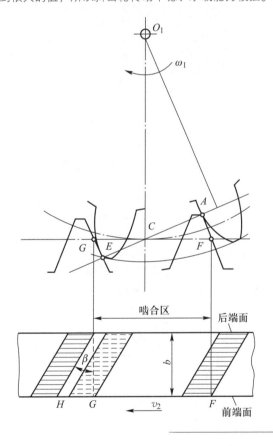

斜齿轮传动的重合度

图 3.3.40
斜齿轮传动的重合度

六、斜齿轮的当量齿数

在用成形刀具加工斜齿轮时，铣刀是沿着螺旋线方向进刀的，应当按照齿轮的法面齿形来选择铣刀。

如图 3.3.41 所示，过分度圆柱面上齿廓的任意一点 P 作轮齿螺旋线的法平面 $n—n$，它与分度圆柱面的交线为一椭圆。椭圆 P 点处齿槽两侧渐开线齿形与刀具外廓形状相同。当

量齿轮是一个假想的直齿圆柱齿轮，其端面齿形与斜齿轮的法面齿形相当，分度圆半径等于 P 点处的曲率半径，模数和压力角为斜齿轮的法面模数 m_n 和法面压力角 α_n，则当量齿轮的齿数为

$$z_v = \frac{2\rho}{m_n} = \frac{z}{\cos^3\beta} \tag{3.3.27}$$

式中，z 为斜齿轮的实际齿数；β 为斜齿轮的螺旋角。

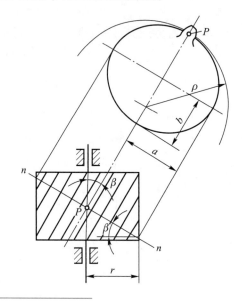

图 3.3.41
斜齿轮的当量齿轮

因斜齿轮的当量齿轮为一直齿圆柱齿轮，其不发生根切的最少齿数 $z_{vmin}=17$，则正常齿标准斜齿轮不发生根切的最少齿数为

$$z_{min} = z_{vmin}\cos^3\beta \tag{3.3.28}$$

七、斜齿圆柱齿轮的受力分析

如图 3.3.42 所示，作用在斜齿圆柱齿轮轮齿上的法向力 F_n 可以分解为三个互相垂直的分力，即圆周力 F_t、径向力 F_r 和轴向力 F_a。其值分别为

$$\left.\begin{array}{l} F_{t1} = \dfrac{2T_1}{d_1} \\[2mm] F_{r1} = \dfrac{F_{ti}\tan\alpha_n}{\cos\beta} \\[2mm] F_{a1} = F_{t1}\tan\beta \end{array}\right\} \tag{3.3.29}$$

式中，T_1 为主动轮传递的转矩，单位为 N·mm；d_1 为主动轮的分度圆直径，单位为 mm；β 为分度圆上的螺旋角；α_n 为法面压力角。

作用于主动轮上的圆周力 F_{t1} 和径向力 F_{r1} 方向的判断与直齿圆柱齿轮相同；轴向力 F_{a1} 的方向可利用左、右手定则判断，右旋齿轮用右手，左旋齿轮用左手，四指弯曲方向表示齿轮的旋转方向，拇指指向表示所受轴向力的方向。从动轮上所受各力与主动轮上的相应力大小相等、方向相反。

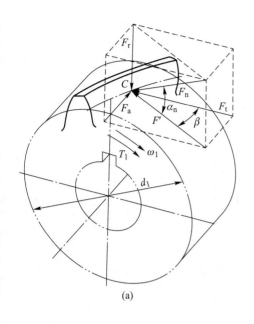

(a)

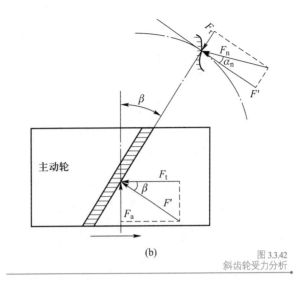

(b)

图 3.3.42
斜齿轮受力分析

八、斜齿圆柱齿轮的强度计算

1. 齿根弯曲疲劳强度计算

斜齿圆柱齿轮轮齿的弯曲疲劳应力是在轮齿的法平面内进行分析的，方法与直齿圆柱齿轮中所述的方法相似。其弯曲疲劳强度的校核公式为

$$\sigma_{\mathrm{F}}=\frac{1.6KT_1}{bm_{\mathrm{n}}d_1}Y_{\mathrm{F}}Y_{\mathrm{S}}=\frac{1.6KT_1\cos\beta}{bm_{\mathrm{n}}^2z_1}Y_{\mathrm{F}}Y_{\mathrm{S}}\leqslant[\sigma_{\mathrm{F}}] \tag{3.3.30}$$

设计公式为

$$m_{\mathrm{n}}\geqslant1.17\sqrt[3]{\frac{KT_1\cos^2\beta Y_{\mathrm{F}}Y_{\mathrm{S}}}{\psi_{\mathrm{d}}z_1^2[\sigma_{\mathrm{F}}]}} \tag{3.3.31}$$

式中，m_{n} 为斜齿轮的法面模数，单位为 mm；Y_{F}、Y_{S} 应根据当量齿数 z_{v} 查得，齿轮弯曲疲劳许用应力 $[\sigma_{\mathrm{F}}]$ 的确定方法与直齿轮相同；其余各参数的意义和单位同前述。

2. 齿面接触疲劳强度计算

标准斜齿轮传动齿面接触疲劳强度的校核公式为

$$\sigma_{\mathrm{H}}=3.17Z_{\mathrm{E}}\sqrt{\frac{KT_1(u\pm1)}{bd_1^2u}}\leqslant[\sigma_{\mathrm{H}}] \tag{3.3.32}$$

设计公式为

$$d_1\geqslant\sqrt[3]{\frac{KT_1(u\pm1)}{\psi_{\mathrm{d}}u}\left(\frac{3.17Z_{\mathrm{E}}}{[\sigma_{\mathrm{H}}]}\right)^2} \tag{3.3.33}$$

任务 3.3.15　直齿锥齿轮传动的认知

学习目标

1. 了解直齿锥齿轮的传动特性。

动画
斜齿轮受力
分析

2. 学会计算直齿锥齿轮传动的几何尺寸。

3. 学会对直齿锥齿轮进行受力分析。

知识准备

一、直齿锥齿轮的传动特性

锥齿轮用于相交两轴之间的传动，其中应用最广泛的是两轴交角 $\Sigma=\delta_1+\delta_2=90°$ 的直齿锥齿轮。锥齿轮的运动关系相当于一对节圆锥做纯滚动。除节圆锥外，锥齿轮还有分度圆锥、齿顶圆锥、齿根圆锥、基圆锥。

如图 3.3.43 所示为一对标准直齿锥齿轮，其节圆锥与分度圆锥重合，δ_1、δ_2 为分度圆锥角，Σ 为两节圆锥几何轴线的夹角，d_1、d_2 为大端节圆直径。当 $\Sigma=\delta_1+\delta_2=90°$ 时，其传动比为

$$i = \frac{n_1}{n_2} = \frac{d_2}{d_1} = \frac{z_2}{z_1} = \frac{\sin \delta_2}{\sin \delta_1} = \tan \delta_2 = \cos \delta_1 \qquad (3.3.34)$$

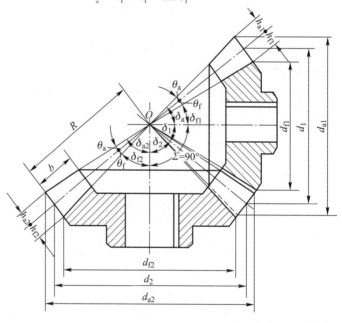

图 3.3.43
锥齿轮传动

二、直齿锥齿轮传动的几何尺寸计算

直齿锥齿轮传动的几何尺寸计算是以其大端为标准。当轴交角 $\Sigma=90°$ 时，标准直齿锥齿轮的几何尺寸计算公式见表 3.3.15。

表 3.3.15　标准直齿锥齿轮（$\Sigma=90°$）的几何尺寸计算

名称	符号	计算公式及说明
大端模数	m	按 GB/T 12368—1990 取标准值
传动比	i	$i = \dfrac{z_2}{z_1} = \dfrac{\sin \delta_2}{\sin \delta_1} = \tan \delta_2 = \cos \delta_1$ 单级 $i<6\sim7$

续表

名称	符号	计算公式及说明
分度圆锥角	δ_1、δ_2	$\delta_2 = \arctan \dfrac{z_2}{z_1}$，$\delta_1 = 90° - \delta_2$
分度圆直径	d_1、d_2	$d_1 = mz_1$，$d_2 = mz_2$
齿顶高	h_a	$h_a = m$
齿根高	h_f	$h_f = 1.2m$
全齿高	h	$h = 2.2m$
顶隙	c	$c = 0.2m$
齿顶圆直径	d_{a1}、d_{a2}	$d_{a1} = d_1 + 2m\cos\delta_1$，$d_{a2} = d_2 + 2m\cos\delta_2$
齿根圆直径	d_{f1}、d_{f2}	$d_{f1} = d_1 - 2.4m\cos\delta_1$，$d_{f2} = d_2 - 2.4m\cos\delta_2$
锥距	R	$R = \sqrt{r_1^2 + r_2^2} = \dfrac{m}{2}\sqrt{z_1^2 + z_2^2} = \dfrac{d_1}{2\sin\delta_1} = \dfrac{d_2}{2\sin\delta_2}$
齿宽	b	$b \leqslant \dfrac{R}{3}$，$b \leqslant 10m$
齿顶角	θ_a	$\theta_a = \arctan \dfrac{h_a}{R}$（不等顶隙齿） $\theta_a = \theta_f$（等顶隙齿）
齿根角	θ_f	$\theta_f = \arctan \dfrac{h_f}{R}$
根锥角	δ_{f1}、δ_{f2}	$\delta_{f1} = \delta_1 - \theta_f$；$\delta_{f2} = \delta_2 - \theta_f$
顶锥角	δ_{a1}、δ_{a2}	$\delta_{a1} = \delta_1 + \theta_a$；$\delta_{a2} = \delta_2 + \theta_a$

三、直齿锥齿轮的受力分析

1. 受力分析

如图 3.3.44 所示为直齿锥齿轮主动轮齿受力情况。由于锥齿轮的轮齿厚度和高度向锥顶方向逐渐减小，故轮齿各剖面上的弯曲强度都不相同，为简化起见，通常假定载荷集中作用在齿宽中部的节点上。法向力 F_n 可分解为三个分力：圆周力 F_t、径向力 F_r 和轴向力 F_a。

（1）力的大小。

圆周力
$$F_{t1} = \frac{2T_1}{d_{m1}} \tag{3.3.35}$$

径向力
$$F_{r1} = F'\cos\delta_1 = F_{t1}\tan\alpha_1\cos\delta_1 \tag{3.3.36}$$

轴向力
$$F_{a1} = F'\sin\delta_1 = F_{t1}\tan\alpha\sin\delta_1 \tag{3.3.37}$$

式中，d_{m1} 为小齿轮齿宽中点的分度圆直径；δ_1 为主动锥齿轮的分度圆锥角。

（2）力的方向。圆周力 F_t 和径向力 F_r 方向的判断与直齿圆柱齿轮相同；轴向力 F_a 的方向分别指向各轮的大端。

（3）两轮所受力之间的关系。

$$F_{r1} = -F_{a2} \qquad F_{a1} = -F_{r2} \qquad F_{t1} = -F_{t2}$$

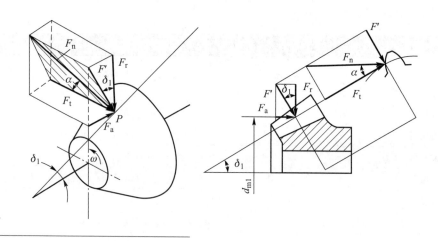

图 3.3.44
直齿锥齿轮受力分析

2. 直齿锥齿轮疲劳强度计算

直齿锥齿轮传动的疲劳强度计算与直齿圆柱齿轮传动基本相同，可近似地按齿宽中部处的当量直齿圆柱齿轮的参数与公式进行计算。

① 齿面接触疲劳强度的校核公式为

$$\sigma_H = \frac{4.98Z_E}{1-0.5\psi_R}\sqrt{\frac{KT_1}{\psi_R d_1^3 u}} \leqslant [\sigma_H] \qquad (3.3.38)$$

设计公式为

$$d_1 \geqslant \sqrt[3]{\frac{KT_1}{\psi_R u}\left(\frac{4.98Z_E}{(1-0.5\psi_R)[\sigma_H]}\right)^2} \qquad (3.3.39)$$

式中，u 为齿数比，对于单级直齿锥齿轮传动，可取 $u=1\sim5$；ψ_R 为齿宽系数，$\psi_R=b/R$，一般取 $\psi_R=0.25\sim0.3$；其余参数的含义及单位与直齿圆柱齿轮相同。

② 齿根弯曲疲劳强度的校核公式为

$$\sigma_F = \frac{2.35KT_1}{bmd_1(1-0.5\psi_R)^2}Y_F Y_S \leqslant [\sigma_F] \qquad (3.3.40)$$

设计公式为

$$m \geqslant \sqrt[3]{\frac{4.71KT_1}{z_1^2\psi_R(1-0.5\psi_R)^2\sqrt{u^2+1}}\frac{Y_F Y_S}{[\sigma_F]}} \qquad (3.3.41)$$

 做一做

1. 能保证瞬时传动比恒定、工作可靠性高、传递运动准确的是（　　）。

　　A. 带传动　　　　　　B. 链传动　　　　　　C. 齿轮传动

2. 渐开线的形状取决于（　　）的大小。

　　A. 展角　　　　　　B. 压力角　　　　　　C. 基圆　　　　　　D. 分度圆

3. 基圆越大，渐开线越（　　）。

　　A. 平直　　　　　　B. 弯曲　　　　　　C. 变化不定

4. 基圆内（　　）渐开线。

　　A. 有　　　　　　B. 没有　　　　　　C. 不能确定有无

5. 一对渐开线齿轮制造好后，实际中心距有变化时，仍能够保证恒定的传动比，这个性质称为（　　）。

　　A. 传动的连续性　　　B. 中心距的可分性　C. 传动的平稳性

6. 标准中心距条件下啮合的一对标准齿轮，其节圆直径等于（　　）。

　　A. 基圆直径　　　　　B. 分度圆直径　　　C. 齿顶圆直径

7. 一对标准渐开线圆柱齿轮正确啮合时，它们的（　　）应相等。

　　A. 直径　　　　　　　B. 模数　　　　　C. 齿宽　　　　　D. 齿数

8. 一对齿轮啮合时，两齿轮的（　　）始终相切。

　　A. 分度圆　　　　　　B. 基圆　　　　　C. 节圆　　　　　D. 齿根圆

9. 齿轮传动中，轮齿齿面的疲劳点蚀经常发生在（　　）。

　　A. 齿根部分　　　　　B. 靠近节线处　　C. 齿顶部分　　　D. 不确定

10. 对于一个齿轮来说，不存在（　　）。

　　A. 基圆　　　　　　　B. 分度圆　　　　C. 齿根圆　　　　D. 节圆

11. 一对渐开线齿轮连续传动的条件是（　　）。

　　A. 模数大于1　　　　B. 齿数大于17　　C. 重合度大于1

12. 两个渐开线齿轮齿形相同的条件是（　　）。

　　A. 分度圆相等　　　　B. 模数相等　　　C. 基圆相等　　　D. 齿数相等

13. 渐开线齿廓上任意点的法线都切于（　　）。

　　A. 分度圆　　　　　　B. 基圆　　　　　C. 节圆　　　　　D. 齿根圆

14. 用范成法加工齿轮时，根切现象发生的原因是（　　）。

　　A. 模数太大　　　　　B. 模数太小　　　C. 齿数太少　　　D. 齿数太多

15. 用 $\alpha=20°$ 的标准刀具按展成法加工直齿圆柱齿轮，其不发生根切的最小齿数为（　　）。

　　A. 14　　　　　　　　B. 15　　　　　　C. 17　　　　　　D. 18

16. 标准直齿圆柱齿轮的分度圆齿厚（　　）齿槽宽。

　　A. 等于　　　　　　　B. 大于　　　　　C. 小于　　　　　D. 不确定

17. 下列传动中（　　）润滑条件良好、灰尘不易进入、安装精确，是应用广泛的传动。

　　A. 开式齿轮传动　　　B. 闭式齿轮传动　　C. 半开式齿轮传动

18. 用 45 钢制造一配对齿轮，其热处理方案应选（　　）。

　　A. 小轮正火，大轮调质　　　　　　　B. 小轮调质，大轮正火

　　C. 小轮氮化，大轮淬火　　　　　　　D. 小轮调质，大轮淬火

19. 一般开式齿轮传动的失效形式是（　　）。

　　A. 齿面点蚀　　　　　B. 齿面磨粒磨损　　C. 齿面塑性变形　　D. 齿面胶合

20. 对于齿面硬度小于350HBW 的闭式钢质齿轮传动，其主要失效形式为（　　）。

　　A. 轮齿疲劳折断　　　B. 轮齿磨损　　　C. 齿面疲劳点蚀　　D. 齿面胶合

21. 对于齿面硬度小于350HBW 的闭式齿轮传动，设计时一般先按（　　）计算。

A. 接触强度   B. 弯曲强度

C. 磨损条件   D. 胶合条件

22. 在标准直齿圆柱齿轮传动的弯曲疲劳强度计算中，齿形系数只取决于（   ）。

A. 模数   B. 齿数   C. 分度圆直径   D. 齿宽系数

23. 一对圆柱齿轮，通常小齿轮的齿宽做得比大齿轮大一些，其主要目的是（   ）。

A. 使传动平稳   B. 提高传动效率

C. 提高齿面接触强度   D. 便于安装，保证接触线长

24. 为修配两个损坏的标准直齿圆柱齿轮，现测得齿轮 1 的参数为 h=4.5mm，d_a=44mm；齿轮 2 的参数为 p=6.28mm，d_a=162mm，试计算两齿轮的模数 m 和齿数 z。

25. 一对标准渐开线直齿圆柱齿轮，已知 m=5mm，α=20°，i_{12}=3，中心距 a=200mm，求两齿轮的齿数 z_1、z_2，以及分度圆直径 d_1、齿顶圆直径 d_{a1}。

实践与拓展

已知单级直齿圆柱齿轮传动的 P=10kW，n_1=1 210r/min，i=4.1，电动机驱动，双向传动，有中等冲击，设小齿轮材料为 35SiMn 经调质处理，大齿轮材料为 45 钢经调质处理，z_1=23，试设计此单级齿轮传动。

任务 3.4   齿轮系的功用分析

子任务 3.4.1   齿轮系分类和定轴轮系传动比的计算

学习目标

1. 学会判定齿轮系的基本类型。
2. 学会计算定轴轮系的传动比。

知识准备

在实际机械中，为了满足各种不同的需要（变速、换向、远距离传动等），常常把一系列齿轮（含蜗杆传动）按照不同的方式组合起来，这种由一系列相啮合齿轮组成的传动系统称为齿轮系或轮系。

一、齿轮系的分类

根据轮系运转时各轮轴线在空间中的位置是否固定，可将轮系分为定轴轮系和行星轮系两大类。若轮系中同时含有定轴轮系和行星轮系或多个行星轮系，则称为复合轮系。

1. 定轴轮系

轮系运转时，若各齿轮的轴线都相对于机架保持固定不变，则该轮系称为定轴轮系。

若各齿轮（圆柱齿轮）轴线均互相平行，则称为平面定轴轮系，如图 3.4.1（a）所示。若轮系中包含非平行轴线齿轮（锥齿轮、蜗轮等），则称为空间定轴轮系，如图 3.4.1（b）所示。

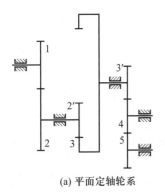

(a) 平面定轴轮系

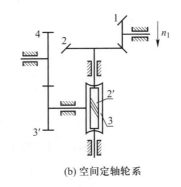

(b) 空间定轴轮系

图 3.4.1
定轴轮系

2. 行星轮系

轮系运转时，若至少有一个齿轮的几何轴线绕机架上的固定轴线转动，则该轮系称为行星轮系。

如图 3.4.2 所示，齿轮 2 空套在构件 H 上，一方面绕其自身轴线 O_1O_1' 转动（自转），同时又随构件 H 绕轴线 $00'$ 转动（公转），齿轮 2 称为行星轮，H 称为行星架。与齿轮 2 相啮合且轴线固定的齿轮 1、3 称为中心轮（太阳轮）。

动画
行星轮系

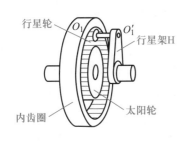

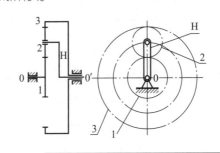

图 3.4.2
行星轮系

二、定轴轮系传动比的计算

1. 平面定轴轮系传动比的计算

如图 3.4.1（a）所示的多级传动平面定轴轮系，设齿轮 1 为首轮，齿轮 5 为末轮，其传动比 i_{15} 可由各对齿轮的传动比求出。

由于一对外啮合圆柱齿轮的转向相反，传动比取负号；内啮合圆柱齿轮的转向相同，传动比取正号，故轮系中各对啮合齿轮的传动比为

$$i_{12} = \frac{n_1}{n_2} = -\frac{z_2}{z_1}$$

$$i_{2'3} = \frac{n_{2'}}{n_3} = -\frac{z_3}{z_{2'}}$$

微课
定轴轮系传动
比的计算

$$i_{3'4} = \frac{n_{3'}}{n_4} = -\frac{z_4}{z_{3'}}$$

$$i_{45} = \frac{n_4}{n_5} = -\frac{z_5}{z_4}$$

将以上各式连乘可得

$$i_{12}i_{2'3}i_{3'4}i_{45} = \frac{n_1}{n_2}\frac{n_{2'}}{n_3}\frac{n_{3'}}{n_4}\frac{n_4}{n_5} = (-1)^3\frac{z_2}{z_1}\frac{z_3}{z_{2'}}\frac{z_4}{z_{3'}}\frac{z_5}{z_4}$$

其中，$n_2=n_{2'}$，$n_3=n_{3'}$，则

$$i_{15} = \frac{n_1}{n_5} = i_{12}i_{2'3}i_{3'4}i_{45} = -\frac{z_2z_3z_4z_5}{z_1z_{2'}z_{3'}z_4}$$

其中，"−"表示 5 轮的转向与 1 轮相反。

　　由上式可以看出，该定轴轮系传动比的大小等于组成轮系的各对啮合齿轮传动比的连乘积，也等于各级传动中从动齿轮齿数的连乘积与主动齿轮齿数的连乘积之比；传动比的正负则取决于外啮合的齿轮对数。

　　将上述结论进行推广，设 j 为首轮、k 为末轮、m 为外啮合齿轮的对数，则平面定轴轮系传动比的计算公式为

$$i_{jk} = \frac{n_j}{n_k} = (-1)^m\frac{\text{从}j\text{至}k\text{各从动轮齿数的连乘积}}{\text{从}j\text{至}k\text{各主动轮齿数的连乘积}} \tag{3.4.1}$$

计算结果，"+"表示 k 轮的转向与 j 轮相同；"−"表示 k 轮的转向与 j 轮相反。

　　在图 3.4.1（a）中，齿轮 4 同时与齿轮 3′和齿轮 5 相啮合，其作用仅仅是改变齿轮 5 的转向，并不影响轮系传动比大小，这种齿轮称为惰轮。

2. 空间定轴轮系传动比的计算

　　空间定轴轮系传动比的大小也可用式（3.4.1）来计算，但由于各齿轮轴线不都相互平行，因此不能用 $(-1)^m$ 法来确定末轮的转向，而要采用画箭头的方法来确定，如图 3.4.3 所示。

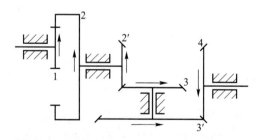

图 3.4.3
空间定轴轮系传动比的计算

　　【例 3.4.1】　在图 3.4.3 所示的轮系中，已知 $z_1=19$，$z_2=38$，$z_{2'}=20$，$z_3=40$，$z_{3'}=20$，$z_4=50$，$n_1=1\,460$ r/min，求齿轮 4 的转速。

　　解：该轮系为空间定轴轮系，其传动比大小按式（3.4.1）计算

$$i_{14} = \frac{n_1}{n_4} = \frac{z_2z_3z_4}{z_1z_{2'}z_{3'}} = \frac{38\times40\times50}{19\times20\times20} = 10$$

齿轮 4 的转速为

$$n_4 = \frac{n_1}{i_{14}} = \frac{1460}{10}\,\mathrm{r/min} = 146\,\mathrm{r/min}$$

其转向如图 3.4.3 中箭头所示，与齿轮 1 转向相反。

子任务 3.4.2　行星轮系传动比的计算

学习目标

1. 学会计算平面行星轮系的传动比。
2. 学会计算空间行星轮系的传动比。

知识准备

一、平面行星轮系传动比的计算

　　行星轮系与定轴轮系的根本区别在于行星轮系有一个转动的行星架，因此行星轮既自转又公转。根据相对运动原理，假如给整个行星轮系加上一个与行星架 H 的转速大小相等、方向相反的附加转速 "$-n_H$"，此时各构件间的相对运动关系不变，但行星架的转速变为 "$n_H - n_H$"，即行星架静止不动，原来的行星轮系转化为一个假想的"定轴轮系"。这个假想的定轴轮系称为原行星轮系的转化轮系，如图 3.4.4 所示。转化轮系中各构件的转速见表 3.4.1。

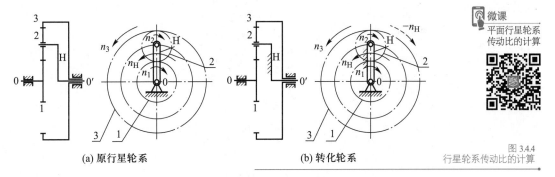

(a) 原行星轮系　　　　　(b) 转化轮系

微课
平面行星轮系
传动比的计算

图 3.4.4
行星轮系传动比的计算

表 3.4.1　转化轮系中各构件的转速

构件	原轮系中的转速	转化轮系中的转速
1	n_1	$n_1^H = n_1 - n_H$
2	n_2	$n_2^H = n_2 - n_H$
3	n_3	$n_3^H = n_3 - n_H$
H	n_H	$n_H^H = n_H - n_H = 0$

微课
混合轮系传动
比的计算

　　在转化轮系中，应用定轴轮系的传动比计算方法可得

$$i_{13}^{H}=\frac{n_1^{H}}{n_3^{H}}=\frac{n_1-n_H}{n_3-n_H}=-\frac{z_3}{z_1}$$

式中，齿数比前的负号表示转化轮系中齿轮 1 与齿轮 3 的转向相反。

将上述分析推广到一般情形。设齿轮 j 为主动轮、齿轮 k 为从动轮，则行星轮系的转化轮系传动比的一般计算式为

$$i_{jk}^{H}=\frac{n_j^{H}}{n_k^{H}}=\frac{n_j-n_H}{n_k-n_H}=\pm\frac{\text{从}j\text{至}k\text{各从动轮齿数的连乘积}}{\text{从}j\text{至}k\text{各主动轮齿数的连乘积}} \qquad （3.4.2）$$

用式（3.4.2）计算时需注意：

① 齿轮 j、k 可以是中心轮或行星轮，其轴线与行星架 H 的轴线应重合或互相平行。

② 式（3.4.2）中的 n_j、n_k、n_H 均为代数值，使用时应将转速大小连同其符号一同代入公式。若假定某一方向的转动为正，则其相反方向的转向就为负。

③ i_{jk} 是行星轮系中轮 j、k 的传动比，其大小及正负号只能由式（3.4.2）计算出未知转速后再确定。

【例 3.4.2】 某行星轮系如图 3.4.5 所示，已知各轮齿数分别为 z_1=16，z_2=24，z_3=64；轮 1 和轮 3 的转速为 n_1=100r/min，n_3=−400r/min，转向如图所示。试求 n_H 和 i_{1H}。

解：在转化轮系中，由式（3.4.2）得

$$i_{13}^{H}=\frac{n_1-n_H}{n_3-n_H}=(-1)^1\frac{z_2 z_3}{z_1 z_2}=-\frac{z_3}{z_1}$$

将已知转速代入得

$$\frac{100-n_H}{-400-n_H}=-\frac{64}{16}=-4$$

解得 n_H=−300 r/min，负号表示 n_H 的转向与 n_1 相反。

$$i_{1H}=\frac{n_1}{n_H}=\frac{100}{-300}=-\frac{1}{3}$$

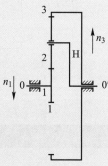

图 3.4.5
平面行星轮系传动比计算

二、空间行星轮系传动比的计算

当空间行星轮系的两齿轮 j、k 和行星架 H 的轴线互相平行时，其转化机构传动比的大小仍可用式（3.4.2）计算，但其正负号应采用在转化机构图上画箭头的办法来确定。

【例 3.4.3】 如图 3.4.6 所示轮系，已知 z_1=48，z_2=42，$z_{2'}$=18，z_3=21，n_1=80r/min，

n_3=100r/min，转向如图所示。求行星架 H 的转速 n_H。

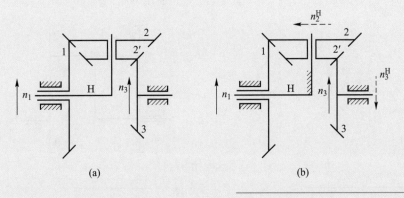

(a)　　　　　　　　　　　　(b)

图 3.4.6
空间行星轮系传动比计算

解：该轮系为空间行星轮系，因中心轮与行星架的轴线平行，故其转速可用由式（3.4.2）求得（n_2 不能用该式求出）。其正负号在转化轮系中由画箭头法［图 3.4.6（b）中的虚线箭头］确定为"−"，则

$$i_{13}^H = \frac{n_1 - n_H}{n_3 - n_H} = -\frac{z_2 z_3}{z_1 z_2}$$

代入已知数据

$$\frac{80 - n_H}{100 - n_H} = -\frac{42 \times 21}{78 \times 18}$$

解得 n_H=90.10r/min，正号表示 n_H 转向与 n_1 相同。

子任务 3.4.3　齿轮系应用分析

学习目标

学会根据需要正确选择齿轮系。

知识准备

齿轮系的应用主要有以下方面。

一、传递相距较远的两轴之间的运动和动力

当主动轴与从动轴的距离较远时，若仅用一对齿轮传动，则齿轮的外廓尺寸将很庞大，如图 3.4.7 中虚线所示。如果采用轮系传动，则既节约材料，又给制造、安装等带来了方便，如图 3.4.7 中点画线所示。

二、获得较大的传动比

若采用一对齿轮来获得较大的传动比，则必然有一个齿轮要做得很大，这样不但会使机构体积庞大，而且小齿轮也容易损坏。如果采用齿轮系，则很容易获得较大的传动

比。在行星齿轮系中，采用较少的齿轮即可获得很大的传动比。如图 3.4.8 所示，若轮系中 $z_1=100$，$z_2=99$，$z_{2'}=100$，$z_3=101$，则其传动比 i_{H1} 可达 10 000。

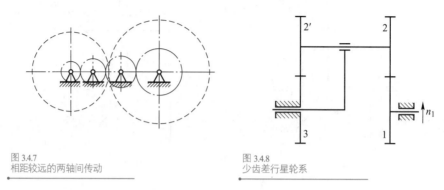

图 3.4.7
相距较远的两轴间传动

图 3.4.8
少齿差行星轮系

三、实现变速、换向传动

如图 3.4.9 所示的三星轮换向机构，扳动手柄可实现图 3.4.9（a）（b）所示的两种传动方案。由于两种方案相差一次外啮合，故从动轮 4 相对于主动轮 1 的两种输出转向相反。

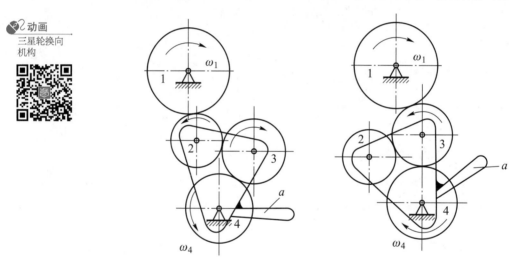

图 3.4.9
三星轮换向机构

动画
三星轮换向
机构

（a）　　　　　　　　　　　　　（b）

在输入轴转速不变的情况下，利用齿轮系可使输出轴获得多种工作转速（即变速传动）。如图 3.4.10 所示的汽车变速器，操纵滑移齿轮 4、6，可使输出轴得到三级前进挡和一级倒挡。一般机床、起重机等设备上也都需要这种变速传动。

四、实现分路传动

利用轮系可以使一个主动轴带动若干从动轴同时旋转，将运动从不同的传动路线传递给执行机构。在图 3.4.11 所示的机械钟表轮系结构中，在同一主轴 1 的带动下，利用轮系可以实现 H、M、S 三个从动轴的分路输出运动。

动画
汽车变速器

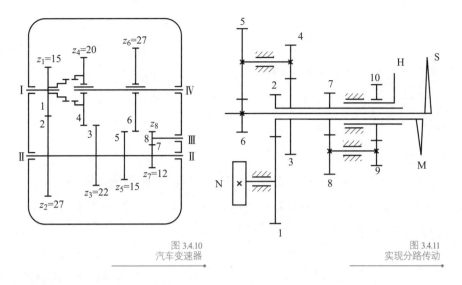

图 3.4.10
汽车变速器

图 3.4.11
实现分路传动

五、对运动进行合成与分解

运动的合成是将两个输入运动合成为一个输出运动。如图 3.4.12 所示的差动齿轮系为滚齿机的运动合成机构。滚切斜齿轮时，由齿轮 4 传递来的展成运动传给中心轮 1，由蜗轮 5 传递来的附加运动传给行星架 H。这两个运动经齿轮系合成后变为由齿轮 3 输出至工作台。

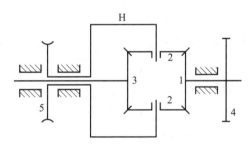

图 3.4.12
滚齿轮中的差动轮系

差动轮系还可以将一个主动基本构件的转动按所需的比例分解为另外两个基本构件的转动，如汽车、拖拉机等车辆中常用的差速装置。如图 3.4.13 所示的汽车后桥差速器即为分解运动的齿轮系。在汽车转弯时，它可将发动机传到齿轮 5 的运动以不同的速度分别传

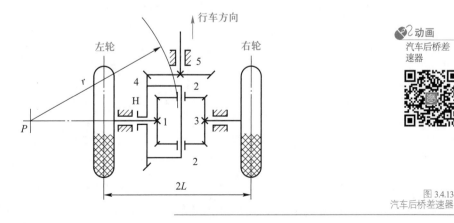

动画
汽车后桥差速器

图 3.4.13
汽车后桥差速器

117

递给左、右两个车轮，以维持车轮与地面间的纯滚动，避免因车轮与地面间产生滑动摩擦而导致车轮过度磨损。当汽车直线行驶时，行星轮没有自转运动，齿轮1、2、3、4相当于一刚体带动左、右车轮做等速回转运动。

做一做

1. 轮系（　　　）。

 A. 不能获得很大的传动比　　　　　　B. 不适宜做较远距离的传动

 C. 可以实现运动的合成但不能分解运动　D. 可以实现变向和变速要求

2. 定轴轮系的传动比大小与轮系中惰轮的齿数（　　　）。

 A. 有关　　　　　　B. 无关　　　　　　C. 成正比　　　　　　D. 成反比

3. 由一系列相互啮合的齿轮组成的传动系统称为＿＿＿＿＿，按传动时各齿轮的几何轴线在空间中的位置是否都固定，可将轮系分为＿＿＿＿和＿＿＿＿两类。

4. $(-1)^m$ 在计算中表示轮系首末两轮回转方向的异同，计算结果为正，说明两轮的回转方向＿＿＿＿；计算结果为负，则两轮的回转方向＿＿＿＿。但此判断方法只适用于＿＿＿＿传动的轮系。

5. 当定轴轮系中有锥齿轮副、蜗杆副时，各级传动轴不一定平行，这时只能用＿＿＿＿的方法确定末轮的回转方向。

6. 定轴轮系的传动比是指轮系中＿＿＿＿＿与＿＿＿＿＿之比，其大小等于轮系中所有＿＿＿＿＿＿＿与所有＿＿＿＿＿＿＿。

7. 轮系中的惰轮只改变从动轮的＿＿＿＿＿，而不改变＿＿＿＿＿＿＿。

8. 定轴轮系末端是齿轮齿条传动。已知小齿轮模数 m=3mm、齿数 z=15，末端转速 n_k=10r/min，则小齿轮沿齿条的移动速度为＿＿＿＿＿。

9. 平行轴传动的定轴轮系中，若外啮合的齿轮副数量为偶数，则轮系首轮与末轮的回转方向＿＿＿＿＿；为奇数时，首轮与末轮的回转方向＿＿＿＿。

10. 在图3.4.14所示齿轮系中，已知各轮齿数分别为 z_1=28，z_2=56，$z_{2'}$=38，z_3=114，$z_{3'}$=20，z_4=40，z_5=100，n_1=40r/min，求齿轮5的转速大小及方向。

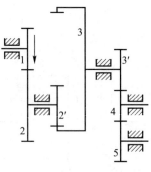

图 3.4.14
计算齿轮 5 的转速

11. 在图 3.4.15 所示的外圆磨床进给机构中，已知各轮齿数分别为 z_1=28，z_2=56，

$z_3=38$，$z_4=57$，手轮与齿轮 1 固连，丝杠与齿轮 4 固连，丝杠的导程 $L=3$mm。求当手轮转动 1/10 转时，砂轮的横向进给量 s。

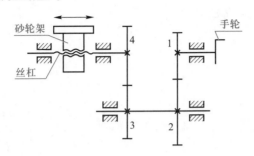

图 3.4.15
外圆磨床进给机构

12. 如图 3.4.16 所示，已知 $z_1=15$，$z_2=25$，$z_3=15$，$z_4=30$，$z_5=2$，$z_6=60$，鼓轮 7 的直径 $D=200$mm，齿轮 1 的转速 $n_1=1\,000$r/min，求重物移动速度的大小和方向。

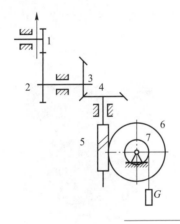

图 3.4.16
重物提升装置

实践与拓展

如图 3.4.17 所示为驱动输送带的行星减速器，动力由电动机输入给齿轮 1，由齿轮 4 输出。已知 $z_1=18$，$z_2=36$，$z_{2'}=33$，$z_3=90$，$z_4=87$，求传动比 i_{14}。

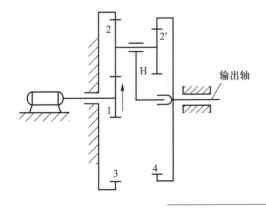

图 3.4.17
行星减速器

任务 3.5　蜗杆传动的分析与应用

任务 3.5.1　认识蜗杆传动机构

 学习目标

1. 熟悉蜗杆传动的类型。
2. 熟悉蜗杆传动的特点。

 知识准备

一、蜗杆传动的类型

微课
蜗杆传动的
概述

蜗杆传动由蜗杆 1 和蜗轮 2 组成，如图 3.5.1 所示，用于传递交错成 90° 的空间两轴间的运动和动力，一般蜗杆为主动件。

1—蜗杆；2—蜗轮

图 3.5.1
蜗杆传动

机械中常用的普通圆柱蜗杆传动，根据其蜗杆形状的不同，可分为阿基米德蜗杆、渐开线蜗杆及法向直廓蜗杆，如图 3.5.2 所示。其中，阿基米德蜗杆容易加工制造，应用最广，本书仅讨论阿基米德蜗杆。

二、蜗杆传动的特点

1. 结构紧凑、传动比大

一般传动比 $i=10\sim50$，最大可达 80。若只传递运动，其传动比可达 1 000。

2. 传动平稳、噪声小

由于蜗杆上的齿是连续不断的螺旋齿，蜗轮轮齿和蜗杆是逐渐进入啮合并逐渐退出啮合的，同时啮合的齿数较多，因此传动平稳、噪声小。

3. 具有自锁性

当蜗杆的螺旋升角小于或等于啮合面的当量摩擦角时，蜗杆传动具有自锁性，此时只能蜗杆为主动件，蜗轮为从动件。

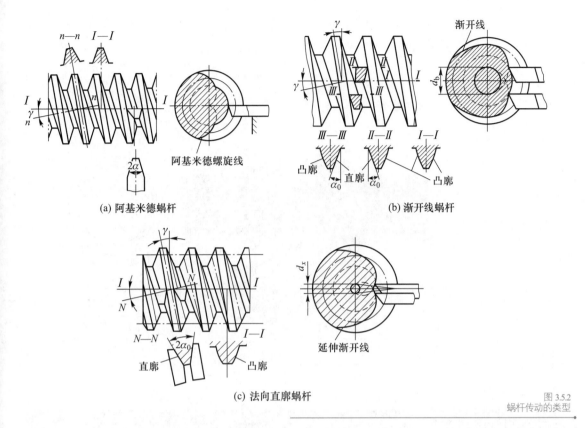

(a) 阿基米德蜗杆

(b) 渐开线蜗杆

(c) 法向直廓蜗杆

图 3.5.2
蜗杆传动的类型

4. 效率较低

由于蜗轮和蜗杆在啮合处有较大的相对滑动，因而发热量大，效率较低。传动效率一般为 0.7～0.8，当蜗杆传动具有自锁性时，传动效率小于 0.5。

5. 蜗轮造价较高

为了减轻齿面的磨损及防止胶合，蜗轮用材料多为青铜制造，造价较高。

任务 3.5.2　蜗杆传动的几何尺寸计算

学习目标

1. 熟悉蜗杆传动的主要参数。
2. 能够计算蜗杆传动的几何尺寸。

微课
蜗杆传动的几何尺寸计算

知识准备

一、蜗杆传动的主要参数

1. 模数 m 和压力角 α

过蜗杆轴线并垂直于蜗轮轴线的平面称为中间平面，如图 3.5.3 所示。在中间平面内，蜗轮与蜗杆的啮合相当于渐开线齿轮与齿条的啮合。所以蜗杆轴向模数 m_{a1}、轴向压力角 α_{a1} 应与蜗轮的端面模数 m_{t2}、端面压力角 α_{t2} 分别相等，即

$$m_{a1}=m_{t2}=m$$

$$\alpha_{a1}=\alpha_{t2}=\alpha$$

式中，m、α 为标准值，标准模数系列见表 3.5.1，压力角标准值为 20°。

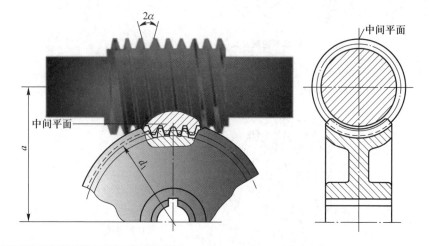

图 3.5.3
蜗杆传动的中间平面

表 3.5.1　圆柱蜗杆的基本尺寸和参数（$\Sigma=90°$）（摘自 GB/T 10085—2018）

模数 m/mm	分度圆直径 d_1/mm	蜗杆头数 z_1	直径系数 q	m^2d_1/mm³	模数 m/mm	分度圆直径 d_1/mm	蜗杆头数 z_1	直径系数 q	m^2d_1/mm³
1	18	1	18.000	18	5	(40)	1、2、4	8.000	1 000
						50	1、2、4、6	10.000	1 250
						(63)	1、2、4	12.600	1 575
						90	1	18.000	2 250
1.25	20	1	16.000	31.25	6.3	(50)	1、2、4	7.936	1 985
	22.4	1	17.920	35		63	1、2、4、6	10.000	2 500
1.6	20	1、2、4	12.500	51.2		(80)	1、2、4	12.698	3 175
	28	1	17.500	71.68		112	1	17.778	4 445
2	(18)	1、2、4	9.000	72	8	(63)	1、2、4	7.875	4 032
	22.4	1、2、4、6	11.200	89.6		80	1、2、4、6	10.000	5 120
	(28)	1、2、4	14.000	112		(100)	1、2、4	12.500	6 400
	35.5	1	17.750	142		140	1	17.500	8 960
2.5	(22.4)	1、2、4	8.960	140	10	(71)	1、2、4	7.100	7 100
	28	1、2、4、6	11.200	175		90	1、2、4、6	9.000	9 000
	(35.5)	1、2、4	14.200	221.9		(112)	1、2、4	11.200	11 200
	45	1	18.000	281		160	1	16.000	16 000
3.15	(28)	1、2、4	8.889	278	12.5	(90)	1、2、4	7.200	14 062
	35.5	1、2、4、6	11.270	352		112	1、2、4	8.960	17 500
	45	1、2、4	14.286	446.5		(140)	1、2、4	11.200	21 875
	56	1	17.778	556		200	1	16.000	31 250
4	(31.5)	1、2、4	7.875	504	16	(112)	1、2、4	7.000	28 672
	40	1、2、4、6	10.000	640		140	1、2、4	8.750	35 840
	(50)	1、2、4	12.500	800		(180)	1、2、4	11.250	46 080
	71	1	17.750	1 136		250	1	15.625	64 000

模数 m/mm	分度圆直径 d_1/mm	蜗杆头数 z_1	直径系数 q	m^2d_1/mm³	模数 m/mm	分度圆直径 d_1/mm	蜗杆头数 z_1	直径系数 q	m^2d_1/mm³
20	(140)	1、2、4	7.000	56 000	25	(180)	1、2、4	7.200	112 500
	160	1、2、4	8.000	64 000		200	1、2、4	8.000	125 000
	(224)	1、2、4	11.200	89 600		(280)	1、2、4	11.200	175 000
	315	1	15.750	126 000		400	1	16.000	250 000

注：括号内的数值尽量不用。

2. 蜗杆头数 z_1、蜗轮齿数 z_2 和传动比 i

蜗杆头数 z_1 即为蜗杆螺旋线的数目，一般 z_1 取 1、2、4。当传动比大且要求自锁时，可取 $z_1=1$；当传递功率较大时，为提高传动效率，可采用多头蜗杆，通常取 $z_1=2$ 或 4。蜗杆头数越多，加工精度越难保证。

蜗轮齿数 $z_2=iz_1$，为了避免蜗轮轮齿发生根切，z_2 不应小于 26，但不宜大于 80。因为 z_2 过大，会使结构尺寸增大，蜗杆长度也随之增加，致使蜗杆刚度降低而影响啮合精度。对于蜗杆为主动件的蜗杆传动，其传动比为

$$i = \frac{n_1}{n_2} = \frac{z_2}{z_1} \tag{3.5.1}$$

式中，n_1、n_2 分别为蜗杆和蜗轮的转速，单位为 r/min；z_1、z_2 分别为蜗杆头数和蜗轮齿数。

3. 蜗杆直径系数 q 和导程角 γ

加工蜗轮的滚刀，其参数（m、α、z_1）和分度圆直径 d_1 应与对应的蜗杆相同，d_1 不同的蜗杆，应采用不同的滚刀加工。为减少滚刀数量并便于实现刀具的标准化，制定了蜗杆分度圆直径的标准系列，见表 3.5.1。

如图 3.5.4 所示，将蜗杆分度圆柱展开，其螺旋线与端面的夹角为蜗杆分度圆柱上的螺旋线导程角（螺旋线升角）γ，p_{a1} 为轴向齿距。

$$\tan \gamma = \frac{z_1 p_{a1}}{\pi d_1} = \frac{z_1 m}{d_1}$$

$$d_1 = m \frac{z_1}{\tan \gamma} \tag{3.5.2}$$

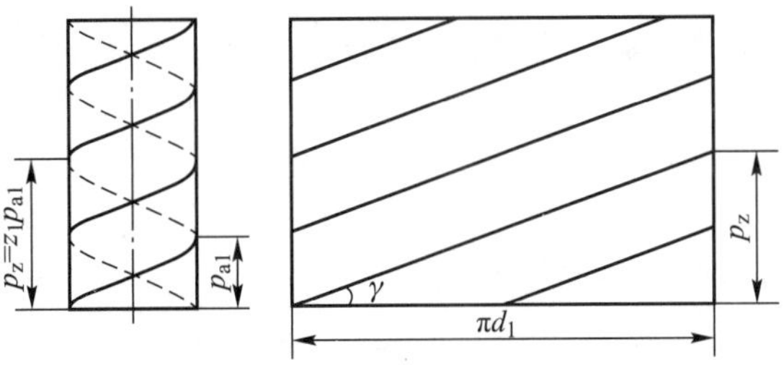

图 3.5.4
蜗杆展开

同一模数的蜗杆，由于 z_1 和 γ 不同，d_1 随之变化，致使滚刀数目较多，很不经济。为了减少滚刀数目，对应于每个模数 m，规定了 1~4 种蜗杆分度圆直径 d_1，并令 $q=d_1/m$，称 q 为蜗杆直径系数。q 和 m 的搭配列于表 3.5.1。

二、圆柱蜗杆传动的几何尺寸计算

圆柱蜗杆传动的几何尺寸计算可参考表 3.5.2 和图 3.5.3。

表 3.5.2　圆柱蜗杆传动的几何尺寸计算

名称	计算公式	
	蜗杆	蜗轮
分度圆直径	$d_1=mq$	$d_2=mz_2$
齿顶高	$h_{a1}=m$	$h_{a2}=m$
齿根高	$h_{f1}=1.2m$	$h_{f2}=1.2m$
顶圆直径	$d_{a1}=m(q+2)$	$d_{a2}=m(z_2+2)$
根圆直径	$d_{f1}=m(q-2.4)$	$d_{f2}=m(z_2-2.4)$
径向间隙	$c=0.2m$	
中心距	$a=0.5m(q+z_2)$	
蜗杆轴向齿距、蜗轮端面齿距	$p_{a1}=p_{t2}=\pi m$	

三、蜗杆传动的正确啮合条件

蜗杆传动的正确啮合条件：中间平面内，蜗杆的轴向模数等于蜗轮的端面模数；蜗杆的轴向压力角等于蜗轮的端面压力角；蜗杆分度圆柱上的螺旋线导程角等于蜗轮分度圆上的螺旋角，且螺旋线方向相同。

任务 3.5.3　蜗杆传动的设计

学习目标

1. 熟悉蜗杆传动的材料。
2. 熟悉蜗杆和蜗轮的结构。
3. 学会对蜗杆传动进行受力分析。

知识准备

一、蜗杆传动的材料

蜗杆传动的材料不仅要满足强度要求，更重要的是应具有良好的减摩性、耐磨性和抗胶合的能力。

1. 蜗杆材料

蜗杆一般用碳素结构钢或合金结构钢制造，常用材料为 40、45 钢或 40Cr 淬火。高速重载蜗杆可用 15Cr、20Cr、20CrMnTi 和 20MnVB 等经渗碳淬火（硬度为 56HRC～63HRC），也可用 40、45、40Cr、40CrNi 等经表面淬火（硬度为 45HRC～50HRC）。对于不太重要的传动及低速、中载蜗杆，常用 45、40 钢等经调质或正火处理（硬度为 220HBW～230HBW）。

2. 蜗轮材料

蜗轮常用锡青铜、无锡青铜或铸铁制造。

（1）锡青铜。锡青铜的耐磨性好，但价格高，故用于滑动速度 $v_s > 3m/s$ 的重要传动，常用牌号有 ZCuSn10Pb1 和 ZCuSn5Pb5Zn5。

（2）无锡青铜。无锡青铜的耐磨性较锡青铜差一些，但价格较便宜，一般用于 $v_s \leqslant 4m/s$ 的传动，常用牌号为 ZCuAl10Fe3 和 ZCuAl10Fe3Mn2。

（3）铸铁。铸铁用于滑动速度 $v_s < 2m/s$ 的传动，常用牌号有 HT150 和 HT200 等。近年来，随着塑料工业的发展，也可用尼龙或增强尼龙来制造蜗轮。

二、蜗杆和蜗轮的结构

1. 蜗杆的结构

蜗杆通常与轴做成一体，如图 3.5.5（a）所示为铣制蜗杆，在轴上直接铣出螺旋部分，刚性较好。如图 3.5.5（b）所示为车制蜗杆，刚性稍差。

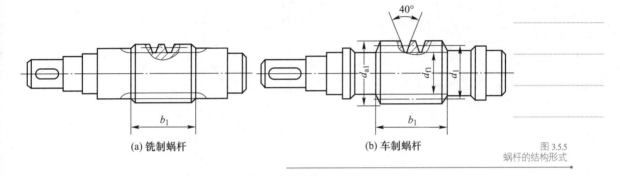

（a）铣制蜗杆　　　　　　　（b）车制蜗杆

图 3.5.5
蜗杆的结构形式

2. 蜗轮的结构

（1）齿圈式。为了节省有色金属，尺寸较大的青铜蜗轮一般制成这种结构。为防止齿圈和轮心因发热而松动，常在接缝处再拧入 4~6 个螺钉，以增强连接的可靠性，如图 3.5.6（a）所示。

（2）螺栓连接式。如图 3.5.6（b）所示，这种结构常用于尺寸较大或磨损后需要更换蜗轮齿圈的场合。

（3）整体式。如图 3.5.6（c）所示，这种结构多用于铸铁蜗轮或尺寸很小的青铜蜗轮。

（4）镶铸式。这种结构是在铸铁轮心上浇注青铜齿圈，如图 3.5.6（d）所示。

动画
蜗轮的结构
形式

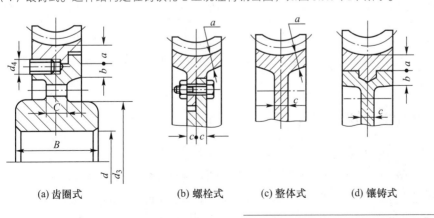

（a）齿圈式　　　　　（b）螺栓式　　　（c）整体式　　　（d）镶铸式

图 3.5.6
蜗轮的结构形式

三、蜗杆传动的主要失效形式

由于材料的原因，蜗杆轮齿的强度总是高于蜗轮轮齿的强度，因此失效常常发生在蜗轮轮齿上。

蜗杆传动的相对滑动速度大、摩擦发热量大、效率低，主要失效形式为胶合、点蚀和磨损。

四、蜗杆传动的受力分析

蜗杆传动的受力情况与斜齿圆柱齿轮相似。齿面上的法向力 F_n 可分解为三个相互垂直的分力，即圆周力 F_t、径向力 F_r 和轴向力 F_a，如图 3.5.7 所示。其分力的方向判定如下：圆周力 F_{t1} 与转向相反；径向力 F_{r1} 的方向由啮合点指向蜗杆中心；轴向力的方向 F_{a2} 按"主动轮左、右手法则"来确定。

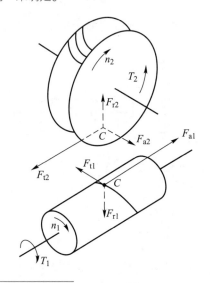

图 3.5.7
蜗杆传动的受力分析

由于蜗杆轴与蜗轮轴交错成 90° 角，因此蜗杆圆周力 F_{t1} 等于蜗轮轴向力 F_{a2}，蜗杆轴向力 F_{a1} 等于蜗轮圆周力 F_{t2}，蜗杆径向力 F_{r1} 等于蜗轮径向力 F_{r2}，即

$$F_{t1} = -F_{a2} = \frac{2T_1}{d_1}$$

$$F_{t2} = -F_{a1} = \frac{2T_2}{d_2}$$

$$F_{r1} = -F_{r2} = F_{t2} \tan \alpha$$

（3.5.3）

式中，T_1、T_2 分别为作用于蜗杆和蜗轮上的转矩，单位为 N·mm，$T_2 = T_1 i\eta$，η 为蜗杆传动效率；d_1、d_2 分别为蜗杆和蜗轮的节圆直径，单位为 mm。

五、蜗杆传动的疲劳强度计算

1. 蜗轮齿面接触疲劳强度计算

阿基米德蜗杆传动在中间平面内相当于直齿条与斜齿圆柱齿轮啮合，故蜗轮齿面接触疲劳强度的计算与斜齿轮相似，将蜗杆、蜗轮在节点处啮合的相应参数代入赫兹公式，可得青铜或铸铁蜗轮轮齿齿面接触疲劳强度的校核公式

$$\sigma_{\mathrm{H}} = 480 \sqrt{\frac{KT_2}{m^2 d_1 z_2^2}} \leqslant [\sigma_{\mathrm{H}}] \qquad (3.5.4)$$

设计公式为

$$m^2 d_1 \geqslant \left(\frac{480}{z_2 [\sigma_{\mathrm{H}}]}\right)^2 KT_2 \qquad (3.5.5)$$

式中，$[\sigma_{\mathrm{H}}]$、σ_{H} 分别为蜗轮材料的齿面接触疲劳许用应力和齿面接触疲劳应力，$[\sigma_{\mathrm{H}}]$ 值见表 3.5.3 和表 3.5.4。设计计算时可按 $m^2 d_1$ 值由表 3.5.1 确定模数 m 和蜗杆分度圆直径 d_1，最后按表 3.5.2 计算出蜗杆和蜗轮的主要几何尺寸及中心距。

表 3.5.3　锡青铜蜗轮齿面接触疲劳许用应力 $[\sigma_{\mathrm{H}}]$　　　　MPa

蜗轮材料	铸造方法	适用滑动速度 v_s/(m/s)	蜗杆齿面硬度	
			≤350HBW	>45HRC
ZCuSn10Pb1	砂型	≤12	180	200
	金属型	≤25	200	220
ZCuSn5Pb5Zn5	砂型	≤10	110	125
	金属型	≤12	135	150

表 3.5.4　铝青铜及铸铁蜗轮齿面接触疲劳许用应力 $[\sigma_{\mathrm{H}}]$　　　　MPa

蜗轮材料	蜗杆材料	滑动速度 v_s/ (m/s)						
		0.5	1	2	3	4	6	8
ZCuAl10Fe3	淬火钢	250	230	210	180	160	120	90
HT150、HT200	渗碳钢	130	115	90	—	—	—	—
HT150	调质钢	110	90	70	—	—	—	—

2. 蜗轮轮齿弯曲疲劳强度计算

闭式蜗杆传动中，只有在受强烈冲击、振动的传动或蜗轮采用脆性材料时，才需要考虑蜗轮轮齿的弯曲疲劳强度。将蜗轮的有关参数代入斜齿轮的有关公式中，经简化得出蜗轮齿根弯曲疲劳强度的校核公式为

$$\sigma_{\mathrm{F}} = \frac{1.53 KT_2 \cos \lambda}{d_1 d_2 m} Y_{\mathrm{F2}} \leqslant [\sigma_{\mathrm{F}}] \qquad (3.5.6)$$

设计公式为

$$m^2 d_1 \geqslant \frac{1.53 KT_2 \cos \lambda}{z_2 [\sigma_{\mathrm{F}}]} Y_{\mathrm{F2}} \qquad (3.5.7)$$

六、蜗杆传动的润滑

蜗杆传动的润滑方法和润滑油黏度可参考表 3.5.5。

表 3.5.5　蜗杆传动的润滑方法和润滑油黏度

滑动速度 v_s/(m/s)	<1	<2.5	<5	5～10	10～15	15～25	>25
工作条件	重载	重载	中载	—	—	—	—
运动黏度 v/cst，40 ℃	900	500	350	220	150	100	80
润滑方式	油池润滑			油池润滑或喷油润滑	压力喷油润滑及其压力 /MPa		
					0.7	0.2	0.3

七、蜗杆传动的热平衡计算

由于蜗杆传动的效率低，工作时发热量大。若散热不良，会引起温升过高而降低油的黏度，使润滑不良，导致蜗轮齿面磨损和胶合。因此，对连续工作的闭式蜗杆传动要进行热平衡计算。

在闭式传动中，热量由箱体散逸，要求箱体内的油温 t 和周围空气温度 t_0 之差 Δt 不超过允许值，即

$$\Delta t = t - t_0 = \frac{1000 P_1 (1-\eta)}{\alpha_s A} \leqslant [\Delta t] \qquad (3.5.8)$$

式中，P_1 为蜗杆传递的功率，单位为 kW；η 为传动效率；α_s 为散热系数，通常取 $\alpha_s = 10 \text{ W/}(\text{m}^2 \cdot \text{℃}) \sim 17 \text{W/}(\text{m}^2 \cdot \text{℃})$；$A$ 为散热面积，单位为 m^2；$[\Delta t]$ 为温差允许值，一般为 60～70℃。

若计算出的温差超过允许值，可采取以下措施来改善散热条件：

① 在箱体上加散热片以增大散热面积。

② 在蜗杆轴上装风扇进行吹风冷却，如图 3.5.8（a）所示。

③ 在箱体油池内装设蛇形水管，用循环水冷却，如图 3.5.8（b）所示。

④ 用循环油冷却，如图 3.5.8（c）所示。

动画
蜗杆传动的散热

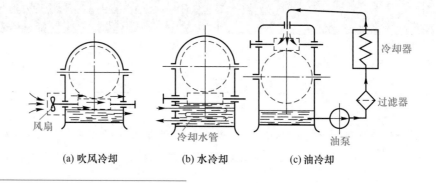

图 3.5.8
蜗杆传动的散热

(a) 吹风冷却　　　　(b) 水冷却　　　　(c) 油冷却

 做一做

1. 普通圆柱蜗杆传动的正确啮合条件是（　　　）。

    A. $m_{t1}=m_{a2}$，$\alpha_{t1}=\alpha_{a2}$，$\gamma=\beta$　　　　　　　　B. $m_{a1}=m_{t2}$，$\alpha_{a1}=\alpha_{t2}$，$\gamma=\beta$

    C. $m_{t1}=m_{a2}$，$\alpha_{t1}=\alpha_{a2}$，$\gamma=-\beta$　　　　　　D. $m_{a1}=m_{a2}$，$\alpha_{a1}=\alpha_{t2}$，$\gamma=-\beta$

2. 蜗杆传动的传动比 $i=$（　　　）。

    A. $\dfrac{d_2}{d_1}$　　　　　B. $\dfrac{n_2}{n_1}$　　　　　C. $\dfrac{d_1}{d_2}$　　　　　D. $\dfrac{n_1}{n_2}$

3. 蜗轮的螺旋角 β 与蜗杆（　　　）。

    A. 分度圆处的导程角 γ 大小相等、方向相反

    B. 分度圆处的导程角 γ 大小相等、方向相同

    C. 齿顶圆处的导程角 γ_1 大小相等、方向相反

D. 齿顶圆处的导程角 γ_1 大小相等、方向相同

4. 为了减少蜗轮刀具数目，有利于实现刀具标准化，规定（　　　）为标准值。

    A. 蜗轮齿数　　　　　　　　　　　　B. 蜗轮分度圆直径

    C. 蜗杆头数　　　　　　　　　　　　D. 蜗杆分度圆直径

5. 闭式蜗杆传动的主要失效形式是（　　　）。

    A. 齿面胶合或齿面疲劳点蚀　　　　　B. 齿面疲劳点蚀或轮齿折断

    C. 齿面磨损或齿面折断　　　　　　　D. 齿面磨损或轮齿折断

6. 蜗杆传动的正确啮合条件是什么？

7. 蜗杆传动的传动比是否等于蜗轮与蜗杆的节圆直径之比？为什么？

8. 如图 3.5.9 所示，蜗杆为主动件，试确定：（1）蜗轮的转向；（2）蜗杆与蜗轮上作用力的大小和方向。

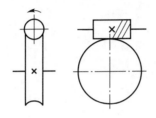

图 3.5.9
蜗杆传动

实践与拓展

设计一个由电动机驱动的单级圆柱蜗杆减速器，电动机功率为 7kW，转速为 1 440r/min，蜗轮轴转速为 80r/min，载荷平稳，单向传动，蜗轮材料选 ZCuSn10P1 锡青铜，砂型铸造；蜗杆选用 40Cr，经表面淬火处理。

项目4　支承零部件

子任务 4.1.1　轴的认知

 学习目标

1. 掌握轴的分类和作用。
2. 能够合理选用轴的材料。

 知识准备

轴的主要功用是支承传动零件（齿轮、带轮、链轮等），并传递运动及动力，是机器中使用最普遍的重要零件之一。

一、轴的分类

1. 根据轴线形状分类

根据轴线形状不同，轴可分为直轴、曲轴、挠性轴（又称软轴）。其中直轴又可分为光轴和阶梯轴，如图 4.1.1 所示。

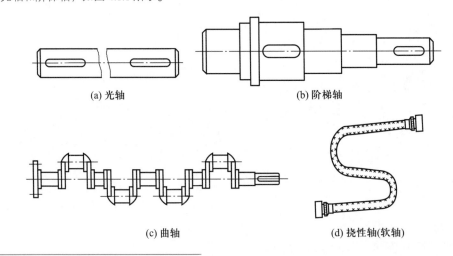

(a) 光轴　　　　　　　　　　　　　(b) 阶梯轴

(c) 曲轴　　　　　　　　(d) 挠性轴(软轴)

图 4.1.1
按轴线形状分类

直轴中的阶梯轴，虽然各段截面直径不同，但通过设计可达到各段强度相近，而且便于轴上零件的安装和固定，所以在机器中应用最广。直轴一般多制成实心的，但为了减轻

130

自身重量或便于输送物料，有时也制成空心轴。

曲轴是内燃机等往复式机械中的专用零件。软轴是特殊用途的轴，它可以灵活地把运动传递到任何位置。

2. 根据所受载荷分类

根据所受载荷不同，轴可分为心轴、转轴、传动轴。

（1）心轴。只承受弯矩不承受转矩的轴称为心轴，如自行车前轮轴。

（2）转轴。既承受弯矩又承受转矩的轴称为转轴，如自行车后轮轴。

（3）传动轴。只承受转矩不承受弯矩或承受很小弯矩的轴称为传动轴，如自行车中轴。

二、轴的材料及其选择

轴的材料应具有较好的强度、韧性及耐磨性等性能，主要采用碳素结构钢和合金钢。

1. 碳素结构钢

35、40、45、50 等优质碳素结构钢的成本低、力学性能好，对应力集中不敏感，故应用广泛；轻载或不重要的轴可采用 Q235、Q275 等普通碳素结构钢。

2. 合金钢

常采用 20Cr、40Cr 等，其力学性能好、淬透性好，用于大功率、要求重量轻和耐磨性好的轴。另外，结构复杂的轴也可以采用铸钢制造。

轴的常用材料及其主要力学性能见表 4.1.1。

表 4.1.1　轴的常用材料及其主要力学性能

材料牌号	热处理	毛坯直径 /mm	硬度 HBW	抗拉强度 R_m	屈服强度 R_{eL}	弯曲疲劳极限 σ_{-1}	应用
				/MPa			
Q235A	—	—	—	440	240	200	用于不重要的或载荷不大的轴
35	正火	25	≤187	530	315	225	有较好的塑性及适当的强度，可用于制作一般曲轴、转轴等
35	正火	≤100	149～187	510	265	210	有较好的塑性及适当的强度，可用于制作一般曲轴、转轴等
45	正火	25	≤241	600	355	257	用于较重要的轴，应用最为广泛
45	正火	≤100	170～217	588	294	238	用于较重要的轴，应用最为广泛
45	调质	≤200	217～255	637	360	270	用于较重要的轴，应用最为广泛
40Cr	调质	25	241～286	980	785	477	用于载荷较大、尺寸较大的重要轴或齿轮轴
40Cr	调质	≤200	241～286	750	500	335	用于载荷较大、尺寸较大的重要轴或齿轮轴
40Cr	调质	>300～500	229～269	640	440	290	用于载荷较大、尺寸较大的重要轴或齿轮轴
40MnB	调质	25	207	785	540	370	性能接近于 40Cr，用于重要的轴
40MnB	调质	≤100	241～286	750	500	350	性能接近于 40Cr，用于重要的轴
40MnB	调质	>100～300	241～266	700	500	340	性能接近于 40Cr，用于重要的轴

续表

材料牌号	热处理	毛坯直径/mm	硬度 HBW	抗拉强度 R_m	屈服强度 R_{eL}	弯曲疲劳极限 σ_{-1}	应用
				/MPa			
35CrMo	调质	≤100	207～269	735	540	360	用于重载荷轴或齿轮轴
20Cr	渗碳	15	表面 56HRC～ 62HRC	850	550	370	用于要求强度高、韧性及耐磨性均较好的轴
	淬火	≤100		650	400	280	
QT400-15	—	—	156～197	400	300	145	用于结构形状复杂的轴
QT600-3	—	—	197～269	600	420	215	

子任务 4.1.2　轴的设计

学习目标

1. 掌握轴的结构组成。

2. 学会分析轴上零件的定位与固定方法。

3. 熟悉轴的结构工艺性。

4. 掌握轴的设计方法与步骤。

知识准备

一、轴的结构组成

　　轴上安装滚动轴承的部位称为轴颈；安装传动零件的部位称为轴头；连接轴颈与轴头的部分称为轴身；轴向尺寸较小、直径最大的环形部分称为轴环；用作轴上零件轴向定位的阶梯称为定位轴肩；仅为了方便零件的安装而设置的阶梯称为非定位轴肩。轴的各部分名称如图 4.1.2 所示。

微课
轴的结构组成
和零件固定

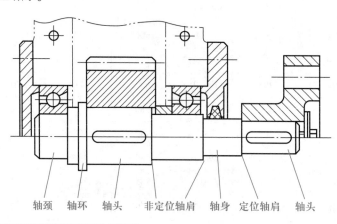

图 4.1.2
轴的各部分名称

二、零件在轴上的固定

1. 轴上零件的轴向固定

为了保证轴上零件及轴工作时有确定的位置，需要对轴上零件进行轴向固定，常用方法见表 4.1.2。

表 4.1.2　轴上零件的轴向定位及固定

固定方法	简　图	特点与应用
套筒固定		结构简单，定位可靠，不需要在轴上加设阶梯，减少了对轴强度的削弱。一般用于零件间距较小的场合。 由于套筒内孔与轴表面之间有间隙，为防止产生动载荷，轴速不宜过高
轴肩与轴环固定	为保证零件靠紧轴肩或轴环的定位面，需保证 r_1 或 $C_1 > r$ 或 C，$h > r_1$ 或 C_1 定位轴肩或轴环高度为 $h \approx (0.07 \sim 0.1)d$；轴环宽度 $b \approx 1.4h$	利用定位轴肩和轴环对轴上零件进行定位，是轴上零件轴向定位的基本方式，它能承受大的轴向载荷，且定位可靠。 r、r_1、C、C_1 的关系见有关国家标准 当被固定件为滚动轴承时，h、r 按轴承标准取值
圆螺母加止退垫圈或双螺母与轴肩形成双向固定		多用于轴端零件的固定，也可用于轴的中部，可承受较大的轴向力，并可在振动和冲击载荷下工作。 圆螺母和止退垫圈的结构尺寸见有关国家标准

133

续表

固定方法	简　图	特点与应用
轴用弹性挡圈与轴肩形成双向固定		只能承受很小的轴向载荷，常用于固定滚动轴承 弹性挡圈的结构尺寸见有关国家标准
圆锥面与轴端挡圈形成双向固定	轴端止动垫片	拆装方便，固定可靠，可承受较大的轴向力，并能兼顾周向固定。多用于高速、有冲击和振动，且对中精度要求高的场合 轴端挡圈及轴端止动垫片的结构尺寸见有关国家标准
轴端挡圈与轴肩形成双向固定		用于轴端零件的固定，使用可靠，能承受较大的轴向力和冲击载荷 螺钉、挡圈及止动垫圈的结构尺寸见有关国家标准
锁紧挡圈固定		常用于光轴上零件的固定，结构简单，只能承受较小的圆周力和轴向力 锁紧挡圈的结构尺寸见有关国家标准
紧定螺钉固定		同时具有周向固定的作用，只能用于承受很小的载荷且转速较小的场合 紧定螺钉的结构尺寸见有关国家标准

2. 轴上零件的周向固定

为了使轴能够传递运动和转矩，并防止轴上零件相对轴转动，需要对轴上零件进行周向固定。常用方法有键、花键、销、过盈配合等。

三、轴的强度和刚度

轴的结构形状和轴上零件的固定，会使轴的某些部位产生应力集中，从而降低了轴的强度，因此，设计时应注意以下几点：

（1）改善轴的受力状况，减小轴所受的弯矩或转矩。为了减小轴所受的弯矩，轴上受力较大的零件应尽可能装在靠近轴承处，并应尽量不采用悬臂支承方式，且力求缩短支承跨度和悬臂长度。

（2）合理布置轴上零件，以减小最大转矩。如图 4.1.3（a）所示，轴上作用的最大转

矩为 T_2+T_3。如果把输入轮布置在两输出轮之间，则轴所受的最大转矩变为 T_3，如图 4.1.3（b）所示。

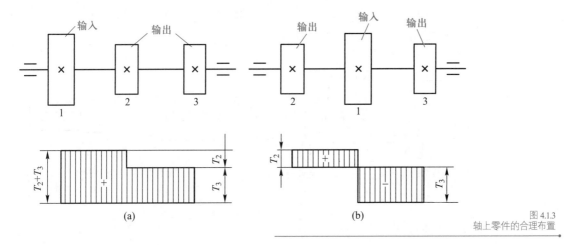

图 4.1.3
轴上零件的合理布置

（3）改进轴上零件的结构，以减小轴承受的弯矩。如图 4.1.4（a）所示的卷筒轴，轮毂对轴的载荷近似为均布载荷。把卷筒轮毂改为如图 4.1.4（b）所示结构，不但有效地减小了轴上的最大弯矩，而且减小了轴孔配合的长度，可获得好的配合质量。

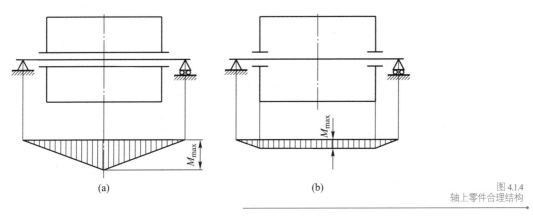

图 4.1.4
轴上零件合理结构

（4）改进轴的结构，以减少应力集中。

① 避免轴直径尺寸的急剧变化，相邻轴段直径差不能过大。

② 在直径尺寸突变处设计出圆角，圆角半径尽可能取大些。

③ 尽量避免在轴上开孔和槽。

（5）改善轴的表面质量，提高轴的疲劳强度。

① 减小轴的表面粗糙度值。

② 对最大应力所在的表面进行强化处理，如滚压、喷丸、表面淬火等。

四、轴的结构工艺性

① 形状力求简单，以便于加工和检验。

② 为减少应力集中，轴肩处应有过渡圆角。

③ 为便于零件的安装，轴端应有倒角，多用 45°（或 30°、60°）倒角。

④ 轴上磨削和车螺纹的轴段应分别设有砂轮越程槽和螺纹退刀槽，如图 4.1.5（a）（b）所示。

⑤ 轴上沿长度方向开有几个键槽时，键槽应在同一素线上，如图 4.1.5（c）所示。

⑥ 轴肩高度不能妨碍零件的拆卸。

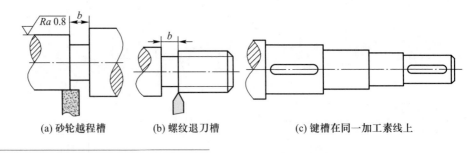

图 4.1.5
轴的结构工艺

（a）砂轮越程槽　　　（b）螺纹退刀槽　　　　　（c）键槽在同一加工素线上

五、轴的设计

1. 类比法

类比法是根据轴的工作条件，选择与其相似的轴进行类比及结构设计，画出轴的零件图。

2. 设计计算法

用设计计算法设计轴的一般步骤为：

（1）选择轴的材料，确定许用应力。

（2）按抗扭转强度估算轴的最小直径。对圆截面实心轴，按其抗扭强度条件估算轴的最小直径，即

$$\tau = \frac{T}{W} \approx \frac{9.55 \times 10^6 P}{0.2 d^3 n} \leqslant [\tau] \tag{4.1.1}$$

整理式（4.1.1），得设计公式为

$$d \geqslant \sqrt[3]{\frac{9.55 \times 10^6 P}{0.2[\tau]n}} = \sqrt[3]{\frac{9.55 \times 10^6}{0.2[\tau]}} \sqrt[3]{\frac{P}{n}} = C\sqrt[3]{\frac{P}{n}} \tag{4.1.2}$$

式中：τ——扭转剪应力，单位为 MPa。

T——轴所传递的转矩，$T = 9.55 \times 10^6 \dfrac{P}{n}$，单位为 N·mm；

W——轴的抗扭截面系数，单位为 mm³，对圆截面实心轴，$W = \dfrac{\pi d^3}{16} \approx 0.2 d^3$；

P——传递功率，单位为 kW；

n——轴的转速，单位为 r/min；

d——轴的估算直径，单位为 mm；

$[\tau]$——许用扭转剪应力，单位为 MPa，见表 4.1.3；

C——与 $[\tau]$ 有关的系数，见表 4.1.3。

由式（4.1.2）求出的直径值应根据需要圆整成标准直径，并作为最小直径。如果轴上有一个键槽，可将求得的最小直径增大 3%～5%，有两个键槽可增大 7%～10%。

表 4.1.3　常用材料的 $[\tau]$ 值和 C 值

轴的材料	Q235A、20	Q275、35	45	40Cr、20CrMnTi、35SiMn、38SiMnMo、42SiMn、20Cr13
$[\tau]$/MPa	12～20	20～30	30～40	40～52
C	135～160	118～135	107～118	98～107

（3）轴的结构设计。具体有以下内容：

① 确定轴上零件的位置和固定方式。

② 确定各轴段的直径。

③ 确定各轴段的长度。

④ 确定键、倒角、圆角、退刀槽、越程槽等。

（4）按弯扭组合校核轴的强度。完成轴的结构设计后，作用在轴上的外载荷和支反力作用点等就已确定，应按照弯扭组合理论对轴的危险截面强度进行校核。

弯扭组合强度校核公式为

$$\sigma_e = \frac{M_e}{W} = \frac{\sqrt{M^2 + (\alpha T)^2}}{0.1d^3} \leqslant [\sigma_{-1}]_b \qquad (4.1.3)$$

式中：σ_e——当量弯曲应力，单位为 MPa；

　　　M_e——当量弯矩，单位为 N·mm（或 N·m）；

　　　M——合成弯矩，单位为 N·mm（或 N·m），$M = \sqrt{M_H^2 + M_V^2}$，其中 M_H 为水平面上的弯矩，M_V 为垂直面上的弯矩；

　　　W——轴的危险截面抗弯系数，单位为 mm³；

　　　α——由于弯曲应力与扭转剪应力循环特性的不同而引入的修正系数。对不变化的转矩，$\alpha \approx 0.3$；对脉动循环变化的转矩，$\alpha \approx 0.6$；对频繁正反转的对称循环变化的转矩，$\alpha = 1$；当转矩变化规律不明确时，一般按脉动循环变化的转矩处理，即 $\alpha \approx 0.6$。

（5）绘制轴的零件图。

【例 4.1.1】　如图 4.1.6 所示为带式输送机上使用的单级斜齿圆柱齿轮减速器，已知输出轴功率 $P=4.5$kW，$n=160$r/min，轴上齿轮的参数为 $z=60$，$m_n=3.5$mm，$\beta=12°$，$\alpha_n=20°$，齿轮宽度 $B=60$mm，载荷平稳，轴单向运转。试设计减速器的从动轴。

解：

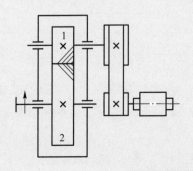

图 4.1.6
单级斜齿圆柱齿轮减速器

（1）选择轴的材料，确定许用应力。轴的材料选用 45 钢，正火处理。查表 4.1.1，$R_m=588\text{MPa}$，$R_{eL}=294\text{MPa}$。

（2）确定轴的最小直径。按式（4.1.2）初步估算从动轴输出端与联轴器相配合段的最小直径

$$d \geqslant C\sqrt[3]{\frac{P}{n}} = (107\sim118) \times \sqrt[3]{\frac{4.5}{160}}\text{mm} = 32.54\sim35.88\text{mm}$$

考虑此处安装联轴器，有键槽，直径增大 3%，则取值范围为 33.52～36.96mm，由设计手册取标准值并与联轴器相匹配，取 $d_{min}=35\text{mm}$。

（3）计算齿轮受力。

分度圆直径 　　　　　　　$d = \dfrac{m_n z}{\cos\beta} = \dfrac{3.5 \times 60}{\cos12°}\text{mm} = 214.69\text{mm}$

转矩 　　　　$T = 9.55 \times 10^6 \dfrac{P}{n} = 9.55 \times 10^6 \times \dfrac{4.5}{160}\text{N}\cdot\text{mm} = 268.6 \times 10^3\text{N}\cdot\text{mm}$

圆周力 　　　　　　　$F_t = \dfrac{2T}{d} = \dfrac{2 \times 268.6 \times 10^3}{214.69}\text{N} = 2\,502\text{N}$

径向力 　　　　　　　$F_r = \dfrac{F_t \tan\alpha_n}{\cos\beta} = \dfrac{2\,502 \times \tan20°}{\cos12°}\text{N} = 931\text{N}$

轴向力 　　　　　　　$F_a = F_t \tan\beta = 2\,502 \times \tan12°\text{N} = 532\text{N}$

（4）设计轴的结构。由于设计的是单级减速器，可将齿轮布置在箱体内部中央，将轴承对称安装在齿轮两侧，轴的外伸端要安装半联轴器。

① 确定轴上零件的位置和固定方式，绘制结构草图，如图 4.1.7 所示。

动画
轴系结构草图

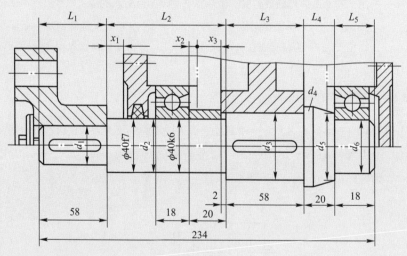

图 4.1.7
轴系结构草图

齿轮从轴的左端装入，齿轮的右端用轴肩（或轴环）定位，左端用套筒固定，齿轮的周向固定采用平键连接。轴承对称安装于齿轮的两侧，其轴向用轴肩固定，周向采用过盈配合固定。

② 确定各轴段的直径。从左向右，第一段轴与联轴器配合，选择型号为 HL2 的

弹性柱销联轴器，联轴器 J 型轴孔的孔径为 35mm，轴孔长度为 60mm，可以确定 d_1=35mm。考虑联轴器要定位，同时为了能顺利地在 d_2 上安装轴承，d_2 应满足轴承内径的标准（轴承选 7208C 型，内径为 40mm），故取 d_2=40mm。d_3 段安装齿轮，齿轮左端用套筒定位，则 d_3 可按非定位轴肩确定直径，并考虑与齿轮内孔配合，因此取标准值 d_3=45mm。d_4 按定位轴肩考虑并取标准值，则 d_4=55mm。为了便于拆卸右端轴承，查 7208C 型滚动轴承的最小安装直径为 47mm，故取 d_5=47mm。

③ 确定各轴段的长度。

第一段轴长：与传动零件（如齿轮、联轴器等）相配合的轴段长度应比传动零件的轮毂宽度略小 2～3mm，联轴器轴孔长度为 60mm，故 L_1=60-2=58mm。

第二段轴长：根据箱体结构以及联轴器与轴承端盖之间要有一定的距离（螺钉头、拆卸等），x_1=15～20mm；根据伸出端密封要求，轴承端盖密封处的厚度为 12～15mm，轴承端盖与轴承外圈接触部分外伸 5mm；为了保证轴承能安装在箱体轴承座孔中（轴承选 7208C 型，B=18mm），并考虑轴承的润滑，取轴承端面与箱体内壁之间的距离为 x_2=5mm；为了保证齿轮端面和箱体内壁不相碰，应留有一定的间隙，一般取 15～20mm，取 x_3=15mm。因此，取 L_2=80mm。

第三段轴长：齿轮的轮毂宽度为 60mm，取 L_3=58mm。

第四段轴长：由于齿轮是对称布置的，因此，L_4=x_2+x_3=20mm。

第五段轴长：该轴段与轴承配合，故 L_5=18mm。

④ L_1 和 L_3 轴段上分别设计键槽，两键槽应处于轴的同一素线上，以方便加工，键槽的长度应比轮毂的宽度小 5～10mm，键槽的宽度按轴段直径查相关手册确定。

⑤ 设计轴的结构细节，如圆角、倒角、退刀槽等。（略）

（5）校核轴的强度。轴的强度校核计算见表 4.1.4。

表 4.1.4　轴的强度校核计算

序号	计算项目	计算内容	计算结果
1	绘制轴的受力简图	图 4.1.8 (b)	
2	求水平面支反力 R_H	$R_{HA} = R_{HB} = \dfrac{F_{t2}}{2} = \dfrac{2\,502}{2}\text{N} = 1\,251\text{N}$	R_{HA}=R_{HB}=1 251N
3	计算水平面内的弯矩	水平面内最大弯矩在截面 C 处，其值为 M_{HC}=（1 251×59）N·mm=73.81N·m	M_{HC}=73.81N·m
4	画弯矩图	图 4.1.8 (c)	
5	求垂直面支反力 R_V	$\sum M_A = 0$ $118R_{VB} + \dfrac{214.69}{2}F_{a2} - 59F_{r2} = 0$ $R_{VB} = \dfrac{59 \times 931 - \dfrac{214.69}{2} \times 532}{118}\text{N} = -18.5\text{N}$	R_{VB}=-18.5N

序号	计算项目	计算内容	计算结果
5	求垂直面支反力 R_V	$\sum M_B=0$ $59F_{r2}+\dfrac{214.69}{2}F_{a2}-118R_{VA}=0$ $R_{VA}=\dfrac{59\times931+\dfrac{214.69}{2}\times532}{118}\text{N}=949.5\text{N}$	$R_{VA}=949.5\text{N}$
6	计算垂直面内的弯矩	垂直面内最大弯矩也在截面 C 处，截面 C 左侧为 $M_{VC1}=\dfrac{118}{2}R_{VA}=(949.5\times59)\text{N}\cdot\text{mm}=56.02\text{N}\cdot\text{m}$ 截面 C 右侧为 $M_{VC2}=\dfrac{118}{2}R_{VB}=(-18.5\times59)\text{N}\cdot\text{mm}=-1.1\text{N}\cdot\text{m}$	$M_{VC1}=56.02\text{N}\cdot\text{m}$ $M_{VC2}=-1.1\text{N}\cdot\text{m}$
7	画弯矩图	图 4.1.8（d）	
8	计算合成弯矩	截面 C 左侧为 $M_{C1}=\sqrt{M_{HC1}^2+M_{VC1}^2}=\sqrt{73.81^2+56.02^2}\text{N}\cdot\text{m}$ $=92.66\text{N}\cdot\text{m}$ 截面 C 右侧为 $M_{C2}=\sqrt{M_{HC2}^2+M_{VC2}^2}=\sqrt{73.81^2+(-1.1)^2}\text{N}\cdot\text{m}$ $=73.82\text{N}\cdot\text{m}$	$M_{C1}=92.66\text{N}\cdot\text{m}$ $M_{C2}=73.82\text{N}\cdot\text{m}$
9	画合成弯矩图	图 4.1.8（e）	
10	画转矩图	图 4.1.8（f）	
11	计算当量弯矩	由于本轴单向转动，取修正系数 $\alpha=0.6$，则 C 点的当量弯矩为 $M_{eC}=\sqrt{M_{C1}^2+(\alpha T)^2}=\sqrt{92.66^2+(0.6\times268.6)^2}\text{N}\cdot\text{m}$ $=185.9\text{N}\cdot\text{m}$	$M_{eC}=185.9\text{N}\cdot\text{m}$
12	画当量弯矩图	图 4.1.8（g）	
13	校核危险截面 C 处的强度	由式（4.1.3）得 $d\geqslant\sqrt[3]{\dfrac{1000M_{eC}}{0.1[\sigma_{-1}]_b}}=\sqrt[3]{\dfrac{1000\times185.9}{0.1\times45}}\text{mm}=34.57\text{mm}$ 因 C 处有一个键槽，将轴径增大 5%，即 $d=36.3\text{mm}$，而此处的直径为 45mm，故强度足够	强度足够

（6）绘制轴的工作图。（略）

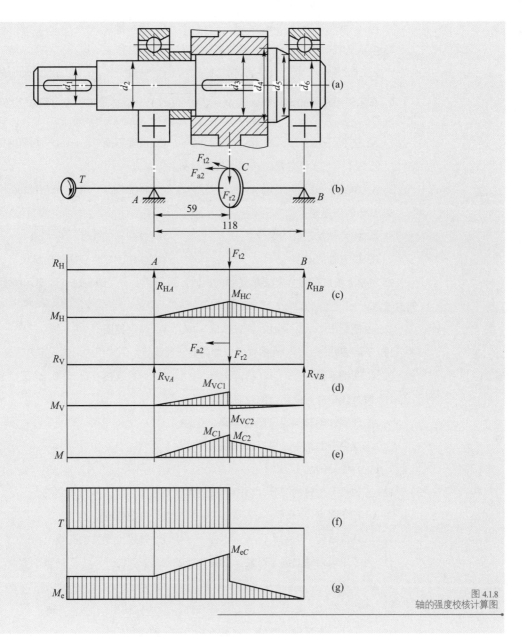

图 4.1.8
轴的强度校核计算图

 做一做

1. 工作时既传递转矩又承受弯矩的轴称为（　　　）。

   A. 心轴 　　　　　　 B. 转轴

   C. 传动轴 　　　　　 D. 柔性轴

2. 工作时只受弯矩，不传递转矩的轴称为（　　　）。

   A. 心轴 　　　　　　 B. 转轴 　　　　　 C. 传动轴

3. 工作时以传递转矩为主，不承受弯矩或承受很小弯矩的轴称为（　　　）。

   A. 心轴 　　　　　　 B. 转轴 　　　　　 C. 传动轴

4. 自行车的前轴是（　　　）。

A. 心轴   B. 转轴   C. 传动轴

5. 按承受载荷的性质分类，减速器中的齿轮轴属于（   ）。

A. 传动轴   B. 固定心轴   C. 转轴   D. 转动心轴

6. 在轴的当量弯矩的计算公式 $M_e = \sqrt{M^2 + (\alpha T)^2}$ 中，α 是为了考虑转矩 T 与弯矩 M 产生的应力（   ）。

A．方向不同   B. 类型不同   C. 位置不同   D. 循环特征不同

7. 下列（   ）不是常用来制造轴的材料。

A. 20 钢   B. 45 钢   C. 40Cr 钢   D. HT200

8. 轴环的用途是（   ）。

A. 作为轴加工时的定位面   B. 提高轴的强度

C. 提高轴的刚度   D. 使轴上零件获得轴向定位

9. 当轴上安装的零件需要承受轴向力时，采用（   ）进行轴向固定，所能承受的轴向力较大。

A. 圆螺母   B. 紧钉螺母   C. 弹性挡圈

10. 若套装在轴上的零件的轴向位置需要任意调节，则常用的周向固定方法是（   ）。

A. 花键连接   B. 销钉连接   C. 螺栓连接   D. 紧配合连接

11. 增大轴在截面变化处的过渡圆角半径，可以（   ）。

A. 使零件的轴向定位比较可靠

B. 减少应力集中，提高轴的疲劳强度

C. 方便轴的加工

12. 在轴强度校核的初步计算中，轴的直径是按（   ）初步确定的。

A. 抗弯强度   B. 抗扭强度

C. 复合强度   D. 轴段上零件的孔径

13. 为了使齿轮轴向固定可靠，安装齿轮的轴段长度应（   ）轮毂的宽度。

A. 大于   B. 小于   C. 等于

14. 按载荷分类，轴可分为 _____ 轴、_____ 轴和 _____ 轴。

15. 为了便于安装轴上零件，轴端及各个轴段的端部应有 _____。

16. 轴上需要车制螺纹的轴段应有 _____。

17. 用弹性挡圈或紧定螺钉进行轴向固定时，只能承受 _____ 的轴向力。

18. 用套筒、螺母或轴端挡圈进行轴向固定时，应使轴段长度 _____ 轮毂宽度。

19. 为了 _____ 应力集中，轴的直径突然变化处应采用过渡圆弧连接。

20. 轴的作用是 _____。

21. 为保证轴上零件在轴向有确定的位置并可靠工作，应对轴上的零件进行 _____ 和 _____。

22. 一个阶梯轴通常由 _____、_____ 及轴身三部分组成。

23. 零件在轴上轴向固定的常用方法有哪些？

24. 轴颈的尺寸应与什么相符合？

25. 为什么要把轴制造成阶梯形的？

26. 为了保证零件在轴上轴向定位可靠，使用套筒定位时应注意什么问题？

27. 轴上什么样的部位需要有越程槽？

28. 轴的结构设计应考虑哪几个方面的问题？

29. 指出如图 4.1.9 所示各轴的结构设计错误，并画出正确的结构图。

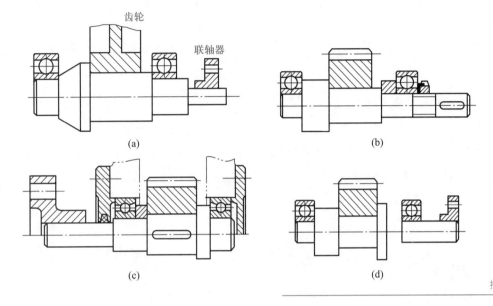

图 4.1.9
指出结构设计错误

实践与拓展

1. 观察普通直齿圆柱齿轮减速器传动轴的结构，判断其属于哪种类型，分析其所采用的材料。

2. 已知一单级直齿圆柱齿轮减速器，通过联轴器带动一带式输送机装置，载荷平稳，用电动机直接拖动，电动机功率 $P=22kW$，转速 $n_1=1\,470r/min$，齿轮模数 $m=4mm$，齿数 $z_1=18$、$z_2=82$，若支承间跨距 $l=180mm$（齿轮位于跨距中央），轴的材料为 45 钢调质，试计算输出轴危险截面处的直径 d。

任务 4.2　轴承的分析与应用

子任务 4.2.1　轴承的认知

学习目标

1. 掌握滚动轴承的基本组成。

2. 掌握滚动轴承的主要结构参数。

3. 掌握滚动轴承的代号。

知识准备

　　轴承的功用是支承轴及轴上零件，保证轴的旋转精度，减少轴与支承件之间的摩擦和磨损。

　　根据摩擦性质不同，轴承可分为滑动轴承和滚动轴承两大类。滑动轴承的承载能力大、工作平稳、无噪声，但起动摩擦阻力大、维护比较复杂。滚动轴承工作时，滚动体与套圈是点、线接触，摩擦阻力小。滚动轴承是标准零件，可批量生产，成本低、安装方便，所以在各种机械中应用广泛。

一、滚动轴承的基本组成

微课
滚动轴承的基本组成和分类

　　滚动轴承由内圈、外圈、滚动体、保持架组成，其基本结构如图 4.2.1 所示。内圈装在轴颈上，随轴颈回转。外圈装在机座轴承座孔内，一般不转动。当内、外圈相对转动时，滚动体在内、外圈的滚道内滚动。保持架的主要作用是均匀地隔开滚动体，避免滚动体间的相互碰撞。

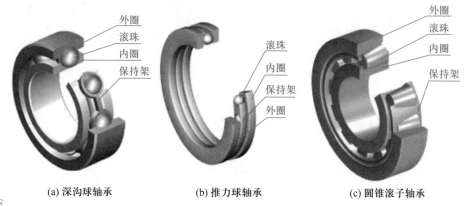

图 4.2.1
滚动轴承的基本结构

(a) 深沟球轴承　　　　　(b) 推力球轴承　　　　　(c) 圆锥滚子轴承

　　常用的滚动体如图 4.2.2 所示，有球形滚子、短圆柱滚子、鼓形滚子、滚针及圆锥滚子五种。

图 4.2.2
常用滚动体

二、滚动轴承的主要结构参数

1. 游隙

　　内、外圈和滚动体之间的间隙，即内、外圈之间的最大位移量称为游隙。游隙分为轴向游隙和径向游隙，如图 4.2.3 所示。游隙大小可影响轴承的寿命、噪声、温升等。

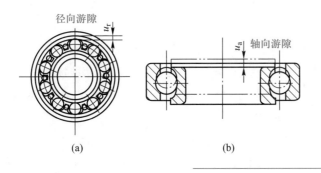

图 4.2.3
滚动轴承的游隙

2. 公称接触角 α

滚动体与外圈滚道接触点的法线与轴承径向平面（端面）之间的夹角称为接触角，见表 4.2.1。接触角 α 越大，轴承承受轴向载荷的能力也越大。

表 4.2.1　滚动轴承的公称接触角

轴承种类	向心轴承		推力轴承	
公称接触角 α	径向接触	角接触	角接触	轴向接触
	$\alpha=0°$	$0°<\alpha\leqslant45°$	$45°<\alpha<90°$	$\alpha=90°$
图例（以球轴承为例）				

3. 偏位角 θ

如图 4.2.4 所示，轴承内、外圈轴线相对倾斜时所夹的锐角称为偏位角。偏位角较大时会影响轴承正常运转，此时应采用调心轴承以适应轴线夹角变化。

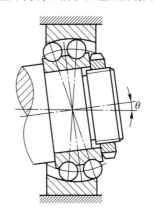

图 4.2.4
偏位角

4. 极限转速 $n_{\lim}$

滚动轴承在一定载荷和润滑条件下允许的最高转速称为极限转速，用 $n_{\lim}$ 表示。滚动轴承的转速过高会使摩擦面间产生高温，使润滑失效而导致滚动体回火或胶合破坏。

三、滚动轴承的分类

① 按滚动体的形状，滚动轴承可分为球轴承和滚子轴承两种类型。球轴承的滚动体与内、外圈滚道为点接触，故承载能力低、耐冲击性差，但极限转速高、价格低。滚子轴承的滚动体与内、外圈滚道为线接触，承载能力高、耐冲击，但极限转速低、价格高。

② 按滚动体的列数，滚动轴承可分为单列、双列及多列轴承。

③ 按工作时能否自动调心，滚动轴承可分为刚性轴承和调心轴承。

④ 按所能承受载荷方向或公称接触角的不同，可以把滚动轴承分为向心轴承和推力轴承两大类。在向心轴承中，径向接触轴承主要承受径向载荷，有些可承受较小的轴向载荷；角接触轴承能同时承受径向载荷和轴向载荷。在推力轴承中，角接触轴承主要承受轴向载荷，也可承受较小的径向载荷；轴向接触轴承只能承受轴向载荷。

常见滚动轴承的类型、代号、简图和性能特点等见表4.2.2。

动画
常见滚动轴承
的类型

表4.2.2 常见滚动轴承的类型、代号、简图和性能特点

类型代号	名称、简图、受力方向	性能特点	极限转速比	价格比
1	调心球轴承	双排钢球，外圈滚道为内球面形，具有自动调心性能；主要承受径向载荷	中	1.8
2	调心滚子轴承	与调心轴承相似，双排滚子，有较高承载能力；允许角偏斜小于调心球轴承	低	4.4
3	圆锥滚子轴承	能同时承受径向和单向轴向载荷，承载能力高、内、外圈可分离，安装时可调整游隙；成对使用；允许角偏斜较小	中	1.7
5	推力球轴承	只能承受单向轴向载荷；高速回转时离心力大，钢球和保持架磨损、发热严重，故极限转速较低；套圈可分离	低	1.1
6	深沟球轴承	结构简单，主要承受径向载荷，也可承受一定的双向轴向载荷；在高速轻载装置中，可用于代替推力轴承，极限转速高、价廉，应用最广	高	1

续表

类型代号	名称、简图、受力方向	性能特点	极限转速比	价格比
7	角接触球轴承 	能同时承受径向载荷和单向轴向载荷，接触角 α 有 15°、25° 和 40° 三种，轴向承载能力随接触角的增大而提高；成对使用	高	2.1
N	圆柱滚子轴承	能承受较大的径向载荷，内、外圈可做自由轴向移动，不能承受轴向载荷；滚子与内、外圈是线接触，只允许有很小的角偏斜	高	2

注：表中的极限转速比、价格比都是指同一尺寸系列的轴承与深沟球轴承之比（平均值）。极限转速比（润滑脂、0 级公差组）大于 90% 为高，60%～90% 为中，小于 60% 为低。

四、滚动轴承的代号

GB/T 272—2017《滚动轴承　代号方法》规定，滚动轴承的代号由前置代号、基本代号和后置代号组成，其排列顺序见表 4.2.3。

微课
滚动轴承的代号

1. 基本代号

基本代号表示轴承的基本类型、结构和尺寸，是轴承代号的基础。除滚针轴承外，基本代号由轴承的类型代号、尺寸系列代号和内径代号三部分构成，见表 4.2.3。

（1）内径代号。表示轴承公称内径尺寸，见表 4.2.4。

表 4.2.3　滚动轴承代号的构成

前置代号	基本代号				后置代号								
	轴承系列				1	2	3	4	5	6	7	8	9
成套轴承分部件代号	类型代号	尺寸系列代号		内径代号	内部结构代号	密封、防尘与外部形状代号	保持架及其材料代号	轴承零件材料代号	公差等级代号	游隙代号	配置代号	振动及噪声代号	其他代号
		宽度（或高度）系列代号	直径系列代号										

表 4.2.4　滚动轴承的内径代号

轴承公称内径 /mm	10～17				20～480	≥500
	10	12	15	17	（22、28、32 除外）	以及 22、28、32
内径代号	00	01	02	03	公称内径除以 5 的商数，商数为个位数时，需在商数左边加"0"	用公称内径毫米数直接表示，但在尺寸系列之间用"/"分开

注：内径小于 10mm 的轴承内径代号另有规定。

（2）尺寸系列代号。由轴承的直径系列代号（基本代号右起第 3 位）和宽度（或高度）系列代号（基本代号右起第 4 位）组合而成。宽度系列代号为"0"时可省略不标（圆锥滚子轴承和调心滚子轴承不可省略）。宽度系列是指结构、内径和外径相同的同类轴承在宽度方面的变化系列；直径系列是指内径相同的同类轴承在外径和宽度方面的变化系列，图 4.2.5 所示为内径相同，而直径系列不同的四种轴承的对比。

向心轴承和推力轴承的常用尺寸系列代号见表 4.2.5。

（3）类型代号。常用轴承的类型代号见表 4.2.2。

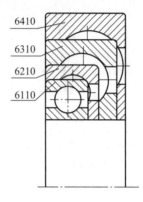

图 4.2.5
直径系列对比

表 4.2.5　尺寸系列代号

直径系列代号	向心轴承								推力轴承			
	宽度系列代号								高度系列代号			
	8	0	1	2	3	4	5	6	7	9	1	2
	尺寸系列代号											
7	—	—	17	—	37	—	—	—	—	—	—	—
8	—	08	18	28	38	48	58	68	—	—	—	—
9	—	09	19	29	39	49	59	69	—	—	—	—
0	—	00	10	20	30	40	50	60	70	90	10	—
1	—	01	11	21	31	41	51	61	71	91	11	—
2	82	02	12	22	32	42	52	62	72	92	12	22
3	83	03	13	23	33	—	—	—	73	93	13	23
4	—	04	24	—	—	—	—	—	74	94	14	24
5	—	—	—	—	—	—	—	—	—	95	—	—

2. 前置代号和后置代号

前置代号和后置代号是当轴承的结构形状、尺寸、公差和技术要求等有改变时，在其基本代号左右添加的补充代号。

（1）前置代号。用字母表示成套轴承的分部件，如用 L 表示可分离轴承的可分离套圈。无特殊说明时，前置代号可以省略。

（2）后置代号。用字母（或加数字）表示，与基本代号之间空半个汉字的距离或用符号 "–" "/" 分隔。后置代号的排列顺序见表 4.2.3。

内部结构代号用于表示类型和外形尺寸相同但内部结构不同的轴承，常用代号见表 4.2.6。例如，角接触球轴承、圆锥滚子轴承等随其公称接触角不同而标注不同代号。

公差等级代号及含义见表 4.2.7，游隙代号及含义见表 4.2.8。

前置代号、后置代号及其含义可参阅 GB/T 272—2017。

表 4.2.6   轴承内部结构常用代号

轴承类型	代号	含义	示例
角接触球轴承	B	$\alpha=40°$	7210 B
	C	$\alpha=15°$	7005 C
	AC	$\alpha=25°$	7210 AC
圆锥滚子轴承	B	接触角加大	32310 B
	E	加强型	NU207 E

注：α 为公称接触角。

表 4.2.7   公差等级代号

代号	/PN	/P6	/P6X	/P5	/P4	/P2	/SP	/UP
规定的公差等级	普通级	6 级	6X 级	5 级	4 级	2 级	尺寸精度相当于 5 级，旋转精度相当于 4 级	尺寸精度相当于 4 级，旋转精度高于 4 级
示例	6203	6203/P6	6203/P6X	6203/P5	6203/P4	6203/P3	234420/SP	234730/UP

注：公差等级中 0 级最低，向右依次增高，2 级最高。

表 4.2.8   游隙代号及含义

代号	含义	示例
/C2	游隙符合标准规定的 2 组	6210/C2
/CN	游隙符合标准规定的 N 组，代号中省略不表示	6210
/C3	游隙符合标准规定的 3 组	6210/C3
/C4	游隙符合标准规定的 4 组	NN 3006 K/C4
/C5	游隙符合标准规定的 5 组	NNU 4920 K/C5
/CA	公差等级为 SP 和 UP 的机床主轴用圆柱滚子轴承径向游隙	—
/CM	电机深沟球轴承游隙	6204-2RZ/P6CM
/CN	N 组游隙。/CN 与字母 H、M 和 L 组合，表示游隙范围减半，或与 P 组合，表示游隙范围偏移，如： /CNH–N 组游隙减半，相当于 N 组游隙范围的上半部 /CNL–N 组游隙减半，相当于 N 组游隙范围的下半部 /CNM–N 组游隙减半，相当于 N 组游隙范围的中部 /CNP-偏移的游隙范围，相当于 N 组游隙范围的上半部及 3 组游隙范围的下半部组成	—
/C9	轴承游隙不同于现标准	6205-2RS/C9

【例 4.2.1】　说明下列轴承代号的意义：6203、30310/P6X。

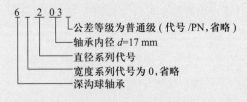

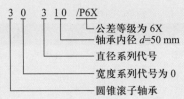

子任务 4.2.2　滚动轴承类型的选择

学习目标

学会选择滚动轴承的类型。

知识准备

滚动轴承属于标准件，应根据具体工作条件和使用要求选择其类型，主要考虑如下因素。

1. 轴承所受载荷

轴承所受载荷的大小、方向和性质是选择轴承类型的主要依据。

轻载和中等载荷时，应选用球轴承；重载或有冲击载荷时，应选用滚子轴承。承受纯径向载荷时，可选用深沟球轴承、圆柱滚子轴承或滚针轴承；承受纯轴向载荷时，可选用推力轴承；同时承受径向载荷和轴向载荷时，若轴向载荷不大，可选用深沟球轴承或接触角较小的角接触球轴承、圆锥滚子轴承；若轴向载荷很大，而径向载荷较小，则可选用推力角接触轴承。

2. 轴承的转速

高速时应优先选用球轴承；内径相同时，外径越小，离心力也越小，故在高速时，宜选用超轻、特轻系列轴承；推力轴承的极限转速都很低，高速运转时摩擦发热严重，若轴向载荷不是十分大，可采用角接触球轴承或深沟球轴承承受纯轴向力。

3. 调心要求

调心球轴承和调心滚子轴承均能满足一定的调心要求，而圆柱滚子轴承、圆锥滚子轴承的调心能力几乎为零。由于制造和安装误差等因素致使轴的中心线与轴承中心线不重合，或轴受力弯曲造成轴承内、外圈轴线发生偏斜时，宜选用调心球轴承或调心滚子轴承。

4. 安装与拆卸

N 类、3 类轴承的内、外圈可分离，便于装拆。在长轴上安装轴承时，为了便于装拆，可选用内圈为圆锥孔的轴承。

5. 经济性

在满足使用要求的前提下，应尽量选用价格低廉的轴承。一般滚子轴承比球轴承的价格高。同等精度下，深沟球轴承的价格最低。同型号、不同公差等级轴承的价格比为 PN∶P6∶P5∶P4≈1∶1.5∶1.8∶6。

子任务 4.2.3　滚动轴承寿命计算

学习目标

1. 会分析滚动轴承的主要失效形式。
2. 掌握滚动轴承寿命计算中的基本概念。
3. 会计算滚动轴承的寿命。

知识准备

一、滚动轴承承载情况分析

如图 4.2.6 所示，当深沟球轴承承受径向载荷 F_r 时，内、外圈与滚动体的接触点不断发生变化，其表面接触应力随着接触点位置的不同做脉动循环变化。滚动体在上面位置时不受载荷，滚到下面位置时所受载荷最大，两侧所受载荷逐渐减小。

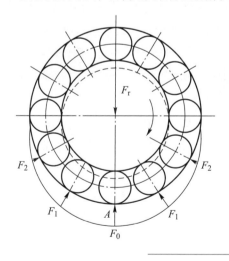

动画
滚动轴承内部径向载荷的分布

图 4.2.6
滚动轴承内部径向载荷的分布

二、滚动轴承的主要失效形式

1. 疲劳点蚀

轴承工作时，滚动体和滚道上各点受到循环接触应力的作用，经一定循环次数后，在

动画
滚动轴承的主
要失效形式

滚动体或滚道表面将产生疲劳点蚀，从而产生噪声和振动，致使轴承失效。疲劳点蚀是正常运转条件下轴承的一种主要失效形式。

2. 塑性变形

轴承承受静载荷或冲击载荷时，在滚动体或滚道表面可能由于局部接触应力超过材料的屈服极限而发生塑性变形，形成凹坑而失效。这种失效形式主要出现在转速极低或摆动的轴承中。

3. 磨损

润滑不良、杂物和灰尘的侵入都会引起轴承早期磨损，从而使轴承丧失旋转精度，噪声增大、温度升高，最终导致轴承失效。

此外，由于设计、安装和使用中某些非正常的原因，可能导致轴承破裂、保持架损坏及回火、腐蚀等现象，使轴承失效。

微课
滚动轴承的计
算准则

三、滚动轴承的计算准则

对于一般运转条件的轴承，主要失效形式是疲劳点蚀，应按基本额定动载荷进行寿命计算。对于不转、摆动或转速极低（$n \leqslant 10\text{r/min}$）的轴承，主要失效形式是塑性变形，应按额定静载荷进行寿命计算。

四、滚动轴承的寿命计算

微课
滚动轴承的寿
命计算

1. 寿命计算中的基本概念

（1）寿命。轴承工作时，其中任一部件首次出现疲劳点蚀前轴承所经历的总转数或恒定转速下的工作总小时数称为轴承的寿命。

（2）可靠度。可靠度是指在同一条件下，运转的一组近于相同的滚动轴承能达到或超过某一规定寿命的百分率。单个滚动轴承的可靠度为该轴承达到或超过规定寿命的概率。

（3）基本额定寿命。对于同一型号的轴承，即使在相同的工作条件下，由于材料、制造精度和装配精度存在差异，轴承的寿命会呈现很大的离散性，最高寿命和最低寿命可能差 40 倍之多。

基本额定寿命是指一批在相同条件下运转的同一型号的轴承，其中 90% 的轴承未发生疲劳点蚀前运转的总转数或在恒定转速下工作的总小时数，分别用 L 和 L_{10h} 表示。

（4）基本额定动载荷。轴承的寿命与其所受载荷的大小有关，工作载荷越大，轴承的寿命就越短。国家标准规定，当轴承的基本额定寿命 $L=10^6$ 转时，其所承受的载荷称为基本额定动载荷，用 C 表示。对于向心轴承，基本额定动载荷是指纯径向载荷，用 C_r 表示；对于推力轴承，额定动载荷是指纯轴向载荷，用 C_a 表示。

（5）当量动载荷。滚动轴承的基本额定动载荷是在以下条件下确定的：向心轴承只承受纯径向载荷，推力轴承只承受纯轴向载荷。实际上，在大多数应用场合中，轴承往往承受径向载荷与轴向载荷的联合作用，因此，在进行轴承寿命计算时，应先把实际载荷换算为与确定额定动载荷条件相一致的载荷，然后才能和基本额定动载荷进行比较计算。换算后的载荷是一个假想的载荷，称为当量动载荷，用 P 表示。在当量动载荷 P 的作用下，轴承的工作寿命与其在实际载荷下的寿命相同。

对于只承受径向载荷 F_r 的径向接触轴承

$$P=F_r \qquad (4.2.1)$$

对于只承受轴向载荷 F_a 的轴向接触轴承

$$P=F_a \qquad (4.2.2)$$

对于同时承受径向载荷 F_r 和轴向载荷 F_a 的深沟球轴承和角接触轴承

$$P=X F_r +Y F_a \qquad (4.2.3)$$

式中，X、Y——径向载荷系数和轴向载荷系数，见表 4.2.9。

表 4.2.9　径向载荷系数和轴向载荷系数

轴承类型		相对轴向载荷 F_a/C_{0r}	e	单列轴承				双列（或成对安装的单列）轴承			
				$F_a/F_r \leq e$		$F_a/F_r > e$		$F_a/F_r \leq e$		$F_a/F_r > e$	
名称	代号			X	Y	X	Y	X	Y	X	Y
深沟球轴承	6 000 型	0.014	0.19				2.30				2.30
		0.028	0.22				1.99				1.99
		0.056	0.26				1.71				1.71
		0.084	0.28				1.55				1.55
		0.110	0.30	1	0	0.56	1.45	1	0	0.56	1.45
		0.170	0.34				1.31				1.31
		0.280	0.38				1.15				1.15
		0.420	0.42				1.04				1.04
		0.560	0.44				1.00				1.00
调心球轴承	1 000 型	—	$\dfrac{1.5}{\tan\alpha}$	—	—	—	—	1	$\dfrac{0.42}{\cot\alpha}$	0.65	$\dfrac{0.65}{\cot\alpha}$
调心滚子轴承	2 000 型	—	$\dfrac{1.5}{\tan\alpha}$	—	—	—	—	1	$\dfrac{0.45}{\cot\alpha}$	0.67	$\dfrac{0.67}{\cot\alpha}$
角接触球轴承	7 000 C 型	0.015	0.38				1.47		1.65		2.39
		0.029	0.40				1.40		1.57		2.18
		0.058	0.43				1.30		1.46		2.11
		0.087	0.46				1.23	1	1.38		2.00
		0.120	0.47	1	0	0.44	1.19		1.34	0.72	1.93
		0.170	0.50				1.12		1.26		1.82
		0.290	0.55				1.02		1.14		1.66
		0.440	0.56				1.00		1.12		1.63
		0.580	0.56				1.00		1.12		1.63
	70 000 AC 型	—	0.68	1	0	0.41	0.87	1	0.92	0.67	1.41
	7 000B 型	—	1.14	1	0	0.35	0.57	1	0.55	0.57	0.93
圆锥滚子轴承	3 000 型	—	$\dfrac{15}{\tan\alpha}$	1	0	0.4	$\dfrac{0.4}{\cot\alpha}$	1	$\dfrac{0.45}{\cot\alpha}$	0.67	$\dfrac{0.67}{\cot\alpha}$

注：1. 推力轴承的 X 和 Y 查有关手册。

2. C_{0r} 为轴承的基本额定静载荷，α 为公称接触角，均查产品目录或设计手册。

3. e 为判别系数，是判别轴向载荷 F_a 对当量载荷 P 影响程度的参数。

2. 滚动轴承寿命的计算方法

根据大量试验和理论分析结果，得出轴承疲劳寿命的计算公式为

$$L_{10h} = \frac{16\ 667}{n}\left(\frac{f_t C}{f_P P}\right)^{\varepsilon}$$ （4.2.4）

式中，C——基本额定动载荷，向心轴承为 C_r，推力轴承为 C_a，单位为 N；

P——当量动载荷，单位为 N；

f_t——温度系数，见表4.2.10；

f_P——冲击载荷系数，见表4.2.11；

n——轴承的工作转速，单位为 r/min；

ε——寿命指数，球轴承为3，滚子轴承为10/3。

表4.2.10 温度系数 f_t

工作温度/℃	<110	125	150	175	200	225	250	300
f_t	1.0	0.95	0.90	0.85	0.80	0.75	0.70	0.60

表4.2.11 载荷系数 f_P

载荷情况	f_P	举例
无冲击或轻微冲击	1.0~1.2	电动机、汽轮机、通风机、水泵
中等冲击	1.2~1.8	车辆、机床、起重机、冶金设备、内燃机
强大冲击	1.8~3.0	破碎机、轧钢机、石油钻机、振动筛

如果设计时要求轴承达到规定的预期寿命 L'_{10h}，则在已知当量动载荷 P 和转速 n 的条件下，可按式（4.2.5）计算轴承应当具有的基本额定动载荷 C_c，使 C_c 小于所选轴承的 C 值。

$$C_c = \frac{f_P P}{f_t}\sqrt[\varepsilon]{\frac{nL'_{10h}}{16\ 667}}$$ （4.2.5）

式中，L'_{10h}——轴承预期寿命，单位为 h，轴承使用寿命的推荐值见表4.2.12。

表4.2.12 轴承使用寿命的推荐值

使用条件	使用寿命/h
不经常使用的仪器和设备	300~3 000
短期或间断使用的机械，中断使用不致引起严重后果，如手动机械、农业机械、装配起重机、自动送料装置等	3 000~8 000
间断使用的机械，中断使用将引起严重后果，如发电站辅助设备、流水线作业传动装置、胶带输送机、车间起重机等	8 000~12 000
每天工作8 h 的机械，但经常不是满载使用，如电动机、一般齿轮装置、破碎机、起重机和一般机械	10 000~25 000
每天工作8 h 的机械，满载荷使用，如机床、木材加工机械、工程机械、印刷机械、分离机、离心机等	10 000~30 000
24h 连续运转的机械，如压缩机、泵、电动机、轧机齿轮装置、纺织机械等	40 000~50 000
24h 连续工作的机械，中断使用将引起严重后果，如纤维机械、造纸机械、电站主要设备给排水设备、矿用水泵、矿用通风机等	约100 000

3. 向心角接触轴承轴向载荷 F_a 的计算

向心角接触轴承（3 类、7 类）在受到径向载荷 F_r 作用时，将产生使轴承内、外圈分离的附加内部轴向力 S（图 4.2.7），其值按表 4.2.13 所列公式计算，其方向由外圈宽边（背面）指向外圈窄边（前面）。

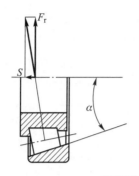

图 4.2.7
附加内部轴向力

为了保证向心角接触轴承正常工作，通常采用两个轴承成对使用，对称安装，如图 4.2.8 所示。正装时，外圈窄边相对，即面对面安装；反装时，外圈窄边相背，即背对背安装。

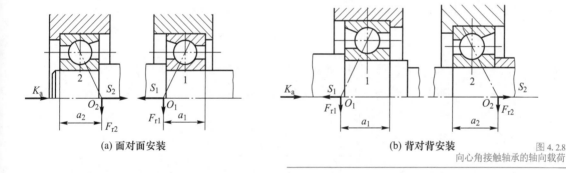

(a) 面对面安装　　　　　　　　　(b) 背对背安装

图 4.2.8
向心角接触轴承的轴向载荷

表 4.2.13　附加内部轴向力 S 值

轴承类型	角接触球轴承			圆锥滚子轴承
	7 000C（$\alpha=15°$）	7 000AC（$\alpha=25°$）	7 000B（$\alpha=40°$）	3 000
S	eF_r	$0.68F_r$	$1.14F_r$	$F_r/(2Y)$

注：e 为判别系数，见表 4.2.9；Y 为表 4.2.9 中，$F_a/F_r>e$ 时的轴向载荷系数。

由于向心角接触轴承会产生内部轴向力，故在计算其当量动载荷时，式（4.2.3）中的轴向载荷 F_a 并不等于轴向外力 K_a，而是应根据整个轴上所有轴向受力（轴向外力 K_a、内部轴向力 S_1 和 S_2）之间的平衡关系来确定两个轴承最终受到的轴向载荷 F_{a1}、F_{a2}。

下面以正装情况为例进行分析。

如图 4.2.8（a）所示，设 K_a 与 S_2 同向。

① 当 $K_a+S_2>S_1$ 时，轴有向右移动的趋势，使右端轴承压紧、左端轴承放松，由力平衡条件可知：

压紧端轴承所受的轴向载荷　　　　$F_{a1}=K_a+S_2$

放松端轴承所受的轴向载荷　　　　　　$F_{a2}=S_2$

② 当 $K_a+S_2<S_1$ 时，轴有向左移动的趋势，使左端轴承压紧、右端轴承放松，由力平衡条件可知：

压紧端轴承所受的轴向载荷　　　　　　$F_{a2}=S_1-K_a$

放松端轴承所受的轴向载荷　　　　　　$F_{a1}=S_1$

由此可总结出计算向心角接触轴承轴向载荷 F_{a1} 的步骤如下：

① 确定轴承内部轴向力 S_1、S_2 的方向（由外圈宽边指向窄边，即正装时相向；反装时背向），并按表 4.2.13 所列公式计算内部轴向力的值。

② 判断轴向合力 $S_1+S_2+K_a$（计算时各带正、负号）的指向，确定被压紧和被放松的轴承。

③ 放松端轴承的轴向载荷仅为其内部轴向力；压紧端轴承的轴向载荷则为除去其本身的内部轴向力后其余各轴向力的代数和。即

$$F_{a松}=S_松 \qquad\qquad (4.2.6)$$
$$F_{a紧}=|S_松+K_a| \qquad\qquad (4.2.7)$$

式中，下标"紧"和"松"分别代表压紧端轴承和放松端轴承所受的力；$S_松+K_a$ 为代数和，即 $S_松$ 与 K_a 同向时相加，反向时相减，然后取绝对值。

式（4.2.6）和式（4.2.7）对正装与反装的各种情况都适用，使用时只需将"紧"和"松"换成相应的轴承编号即可。

【例 4.2.2】　有一对 7 000AC 型轴承正装（图 4.2.9），已知 $F_{r1}=1\,000$N，$F_{r2}=2\,100$N，外加轴向载荷 $K_a=900$N，求轴承所受的轴向载荷 F_{a1}、F_{a2}。

解：（1）查表 4.2.13 得

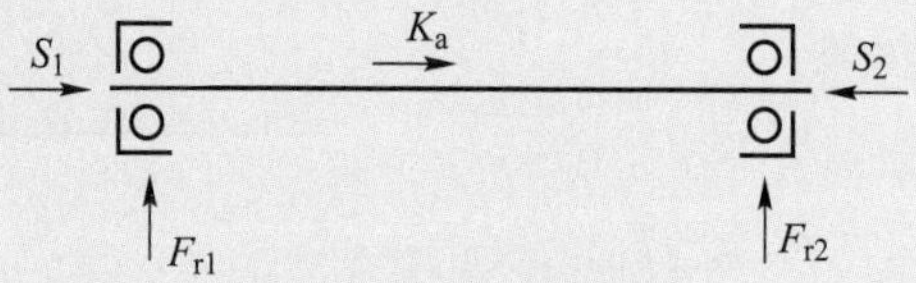

图 4.2.9
正装轴承

$$S_1=0.68F_{r1}=0.68\times1\,000\text{N}=680\text{N}$$
$$S_2=0.68F_{r2}=0.68\times2\,100\text{N}=1\,428\text{N}$$

（2）由于 $S_1+K_a=(680+900)$N$=1580$N$>S_2$，故轴承 2 为压紧端，轴承 1 为放松端，所以

$$F_{a2}=S_1+K_a=(680+900)\text{N}=1\,580\text{N}$$
$$F_{a1}=S_1=680\text{N}$$

【例 4.2.3】　某减速器的齿轮轴两端都采用 6 310 深沟球轴承。已知两轴承中承载较大的轴承所受的径向载荷 $F_r=8\,000$N，轴向载荷 $F_a=4\,600$N，轴的转速 $n=500$r/min，运转中有轻微冲击，常温工作，试计算该轴承的寿命。

解：（1）查轴承手册得 $C_r=61\,800$N，$C_{0r}=38\,000$N。

（2）确定径向载荷系数 X 和轴向载荷系数 Y。

相对轴向载荷 $F_a/C_{0r}=4\,600/38\,000=0.12$，查表 4.2.9，利用插值法得 $e=0.307$。

由于 F_a/F_r=4 600/8 000=0.576$>$$e$，查得 X=0.56，利用插值法得 Y=1.43。

（3）计算当量动载荷。

$$P=XF_r+YF_a=（0.56×8 000+1.43×4 600）N=11 058N$$

（4）计算轴承寿命。查表 4.2.10 得 f_t=1.0，查表 4.2.11 取 f_P=1.2，取寿命指数 ε=3，则

$$L_{10h}=\frac{16\,667}{n}\left(\frac{f_tC}{f_PP}\right)^{\varepsilon}=\frac{16\,667}{500}\left(\frac{1.0×61\,800}{1.2×11\,058}\right)^{3}h=3\,367.3h$$

子任务 4.2.4　滚动轴承的组合设计

学习目标

1. 掌握轴承的轴向固定方法。

2. 掌握轴承间隙的调整方法。

3. 学会对滚动轴承进行润滑、密封。

知识准备

为保证滚动轴承的正常工作，除了要合理选择轴承的类型和尺寸外，还必须正确、合理地进行轴承的组合设计，即正确解决轴承轴向位置的固定，轴承与其他零件的配合，轴承的调整、装拆、润滑、密封等问题。

微课
轴承的轴向
固定

一、轴承的轴向固定

1. 轴承内、外圈的轴向固定

为了防止轴承在承受轴向载荷时相对于轴或座孔产生轴向移动，轴承内圈与轴、轴承外圈与座孔之间应进行轴向固定，固定方式及其特点分别见表 4.2.14 和表 4.2.15。

表 4.2.14　常用的轴承内圈轴向固定方式及其特点

序号	1	2	3	4
简图				
固定方式	内圈一个方向的固定（定位）靠轴肩，另一方向的固定借助于轴承端盖对外圈的轴向固定实现	一个方向靠轴肩固定，另一个方向用弹性挡圈固定	一个方向靠轴肩固定，另一个方向用螺母及止动垫圈固定	一个方向靠轴肩固定，另一个方向用压板和螺钉实现固定，并用弹簧垫圈和串联钢丝防松
特点	结构简单、装拆方便、占用空间位置小，可用于两端固定的支承结构形式	结构简单、装拆方便、占用空间位置小，多用于深沟球轴承的固定	结构简单、装拆方便、固定可靠	多用于轴径 d>70mm 的场合。优点是不在轴上车螺纹，允许转速较高

注：为保证定位可靠，轴肩圆角半径 r_1<轴承内圈圆角半径 r，轴肩高度按机械设计手册规定值取用。

表 4.2.15　常用的轴承外圈轴向固定方式及其特点

序号	1	2	3	4	5
简图					
固定方式	一个方向用轴承端盖固定，另一个方向借助于轴肩对内圈进行固定（定位）	一个方向用弹性挡圈固定，另一个方向借助于轴肩固定	一个方向靠座孔内的挡肩固定，另一个方向用轴承端盖（未画出）固定	一个方向靠衬套挡肩固定，另一个方向用轴承端盖（未画出）固定	一个方向靠调节螺钉和压盖固定，另一个方向靠轴肩对内圈进行固定
特点	结构简单、固定可靠、调整方便	结构简单、装拆方便、占用空间位置小，多用于向心轴承	结构简单、工作可靠	应用衬套，可使座孔为通孔，既有利于保证轴系轴承的同轴度，又可调节轴系轴向位置，装配工艺性好	便于调节轴承间隙，用于角接触轴承

2. 轴组件的轴向固定

为保证工作时轴在箱体内不发生窜动，轴系部件的轴向必须固定，并要考虑在轴有热伸长时其伸长量能够得到补偿。常用的轴组件轴向固定方式有以下两种。

（1）两端固定。如图 4.2.10 所示，两轴承均利用轴肩顶住内圈、端盖压住外圈，由两端轴承各限制轴一个方向的轴向移动。考虑到温度升高后轴会膨胀伸长，对于径向接触轴承，在轴承外圈与轴承端盖之间留出 a=0.2～0.3mm 的轴向间隙，如图 4.2.10（a）所示；对于角接触轴承，只能由轴承的游隙来补偿，游隙的大小可用调整螺钉来调节，如图 4.2.10（b）所示。这种固定形式结构简单、安装方便，适用于温差不大的短轴（跨距 L<350mm 的轴）。

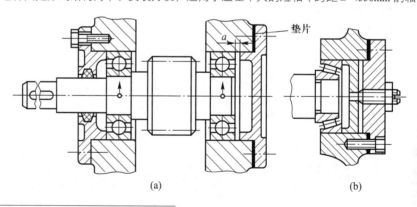

图 4.2.10
两端固定方式

（2）一端固定，一端游动。这种固定方法是使一个支点处的轴承双向固定，而另一个支点处的轴承可以轴向游动，以适应轴的热伸长，如图 4.2.11（a）所示。固定支点处轴承的内、外圈均为双向固定，以承受双向轴向载荷；游动支点处轴承的内圈为双向固定，而外圈与机座间采用动配合，以便使轴在受热膨胀伸长时能在孔中自由游动。若外圈采用无挡边的可分离型轴承，则外圈要进行双向固定，如图 4.2.11（b）所示。这种固定方式适用于跨距大（跨距 L>350mm）或工作温度较高（t>70℃）的轴。

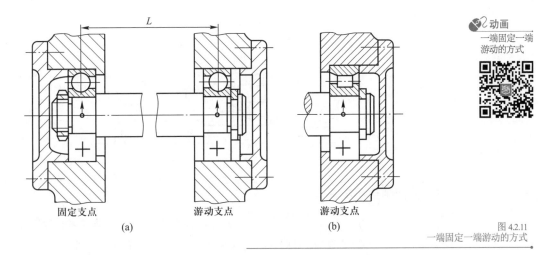

固定支点　　　　　　游动支点　　　　　游动支点

(a)　　　　　　　　　　　　(b)

图 4.2.11
一端固定一端游动的方式

（3）两端游动式。在图 4.2.12 所示的人字齿轮传动中，轴承内、外圈之间可相对移动，故无轴向限位能力，两支点均为游动支点。轴靠人字齿轮间的啮合限位。

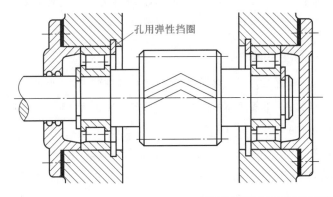

孔用弹性挡圈

图 4.2.12
两端游动方式

二、轴承间隙的调整

1. 调整垫片

通过增减垫片的厚度来调整轴承间隙，如图 4.2.13 所示。

2. 调整端盖

通过调整压盖的轴向位置来调整轴承间隙，如图 4.2.14 所示。

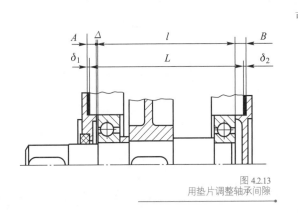

图 4.2.13
用垫片调整轴承间隙

可调压盖

图 4.2.14
用可调压盖调整轴承间隙

3. 调整环

用调整环调整轴承间隙，如图 4.2.15 所示。调整环的厚度在安装时配作。

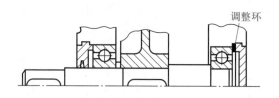

图 4.2.15
用调整环调整轴承间隙

三、滚动轴承的配合

由于滚动轴承是标准件，因此轴承内孔与轴的配合应采用基孔制，轴承外圈与轴承座孔的配合应采用基轴制。设计时，根据机器的工作条件、载荷大小及性质、转速的高低、工作温度及转动圈的选择等因素综合考虑选择轴承的配合。一般内圈随轴转动，外圈固定不动，故内圈常取较紧的具有过盈的过渡配合，如采用 n6、m6、k6、js6 等，转速越高、载荷越大、振动越大，配合应越紧；外圈应采用较松的配合，通常采用 J7、J6、H7、G7 等。关于公差与配合的详尽资料，可参阅机械零件设计手册。

四、支承部分的刚度和同轴度

轴和安装轴承的轴承座应有足够的刚度，以免因弹性变形过大而造成轴承内、外圈的轴线相对偏斜，这既会严重影响轴承寿命，也会使轴承旋转精度降低。因此，轴承座孔壁应有足够的厚度，并设置加强筋以提高刚度，如图 4.2.16 所示。

同一轴上两端的轴承座孔应保持同心。为此，两端轴承座孔尺寸应尽量相同，以便一次镗出，减小其同轴度误差。当同一轴上装有不同外径尺寸的轴承时，可采用衬套使两轴承座孔尺寸相同，以便一次镗出，如图 4.2.17 所示。

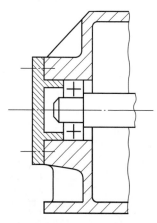

图 4.2.16
设置加强筋提高支承刚度

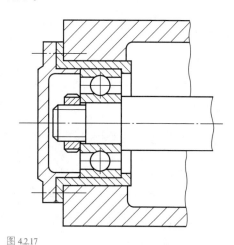

图 4.2.17
使用衬套的轴承座孔

微课
滚动轴承的
装拆

五、滚动轴承的装拆

1. 装配方法

内圈与轴颈采用过盈配合时，可用压力机压入，如图 4.2.18 和图 4.2.19 所示；或将轴承在油中加热至 80℃～100℃后进行热装。

2. 拆卸方法

拆卸轴承外圈时用套筒或螺钉顶出，如图 4.2.20（a）所示；内圈常采用拆卸器（三爪）拆卸，如图 4.2.20（b）所示。为了便于拆卸，轴肩或孔肩的高度应低于定位套圈的高度，并要留出拆卸空间。

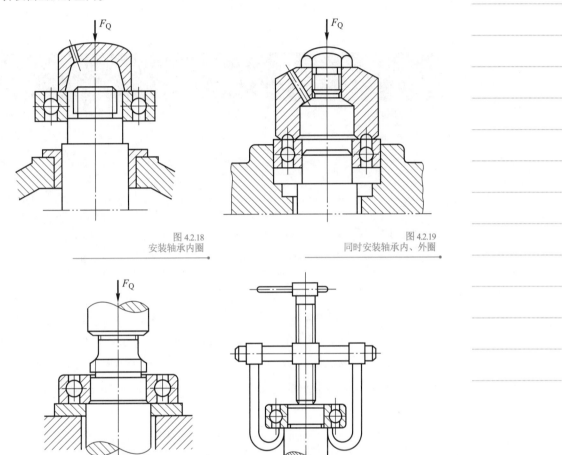

图 4.2.18
安装轴承内圈

图 4.2.19
同时安装轴承内、外圈

(a)

(b)

图 4.2.20
滚动轴承的拆卸

六、滚动轴承的润滑

滚动轴承润滑的主要目的是减少摩擦和磨损、冷却散热、减振、防锈、降低接触应力等。常用的润滑剂有润滑油、润滑脂及固体润滑剂。

微课
滚动轴承的
润滑

常用的润滑方式有以下四种。

（1）油浴润滑。轴承局部浸入润滑油中，油面不得高于最低滚动体中心。该方法简单易行，适用于中、低速轴承的润滑。

（2）飞溅润滑。一般闭式齿轮传动装置中的轴承常用这种润滑方法。它是利用转动的齿轮把润滑油甩到箱体的四周内壁面上，然后通过沟槽把油引到轴承中。

（3）喷油润滑。利用油泵对润滑油增压，通过油管或油孔，经喷嘴将润滑油对准轴承内圈与滚动体间的位置进行喷射，从而润滑轴承。这种方式适用于高速、重载、要求润滑可靠的轴承。

（4）油雾润滑。油雾润滑需要使用专门的油雾发生器。这种方式有益于轴承冷却，供油量可以精确调节，适用于高速、高温轴承部件的润滑。

润滑方式和润滑剂可根据滚动轴承的速度因数 dn 值（d 为轴承内径，单位为 mm；n 为轴承转速，单位为 r/min）来选择，见表 4.2.16。

表 4.2.16　脂润滑和油润滑的 dn 值　　　　　　　　　　　　　　　mm·r/min

轴承类型	脂润滑	油润滑			
		油浴	滴油	循环油（喷油）	喷雾
深沟球轴承	160 000	250 000	400 000	600 000	＞600 000
调心球轴承	160 000	250 000	400 000	—	—
角接触球轴承	160 000	250 000	400 000	600 000	＞600 000
圆柱滚子轴承	120 000	250 000	400 000	600 000	—
圆锥滚子轴承	100 000	160 000	230 000	300 000	—
调心滚子轴承	80 000	120 000	—	250 000	—
推力球轴承	40 000	60 000	120 000	150 000	—

常用的滚动轴承润滑剂为润滑脂，通常用于速度不太高及不便于经常加油的场合。其主要特点是不易流失、易于密封、油膜强度高、承载能力强，一次加脂后可以工作相当长的时间。润滑脂的填充量一般应是轴承中空隙体积的 1/3～1/2。

油润滑适用于在高速、高温条件下工作的轴承。选用润滑油时，根据工作温度和 dn 值由图 4.2.21 选出润滑油应具有的黏度值，然后根据黏度值从润滑油产品目录中选出相应的润滑油牌号。

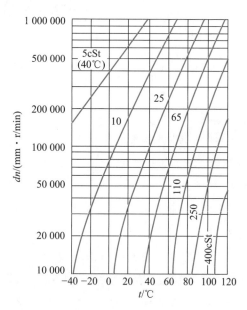

图 4.2.21
润滑油黏度的选择

162

七、滚动轴承的密封

微课
滚动轴承的
密封

轴承密封的作用是避免润滑剂流失，防止外界灰尘、水分及其他杂物侵入轴承。密封装置的形式很多，原理和作用也各不相同，可分为接触式密封和非接触式密封，见表4.2.17，使用时，应根据工作环境、轴承的结构和转速、润滑剂种类等选择轴承的密封方式。

表 4.2.17 轴承的密封装置

名称		结构简图	特点	应用场合
接触式密封	毡圈密封		工作温度低于100℃，毡圈安装前用油浸渍，有良好的密封效果，圆周速度小于4～8m/s	适用于脂润滑、环境清洁、滑动速度低于4～5m/s、温度低于90℃的场合
	唇形密封		主要用于防止外界异物侵入，圆周速度小于15m/s	适用于脂润滑或油润滑、滑动速度低于7m/s、温度为 -40～100℃的场合
非接触式密封	环形槽和间隙式密封		沟槽内填充润滑脂，可提高密封效果，一般沟槽宽度为3～5mm，深度为4～5mm	适用于脂润滑或油润滑，干燥、清洁的环境
	迷宫式密封		迷宫曲路沿轴向展开，曲路折回次数越多，密封效果越好；径向尺寸紧凑	适用于脂润滑或油润滑，可用于较脏的工作环境

子任务 4.2.5 滑动轴承的认知

学习目标

1. 了解滑动轴承的类型和结构。

2. 了解轴瓦的结构。

知识准备

工作时，轴承和轴颈的支承面间形成直接或间接滑动摩擦的轴承称为滑动轴承。它具有工作稳定、可靠和噪声低等优点，故在金属切削机床、汽轮机、航空发动机、铁路机车及车辆等方面得到了广泛应用。

一、滑动轴承的类型和结构

根据所承受载荷方向的不同，滑动轴承可分为径向轴承和推力轴承。

1. 径向滑动轴承

径向滑动轴承只能承受径向载荷，轴承上的约束反力与轴的中心线垂直。

（1）整体式。如图 4.2.22 所示，整体式滑动轴承由轴承座和整体式轴瓦等组成。轴承座用螺栓与机座连接，轴套压入轴承座孔内（过盈配合），润滑油通过顶部的油杯螺孔进入轴承油沟进行润滑。

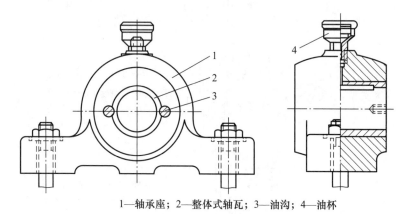

1—轴承座；2—整体式轴瓦；3—油沟；4—油杯

图 4.2.22
整体式滑动轴承

这种轴承结构简单、价格低廉、制造方便、刚度大，但装拆时轴或轴承必须做轴向移动，且轴承磨损后径向间隙无法调整，故多用在低速轻载、间歇工作、不需要经常拆卸的场合，其结构已经标准化。

（2）剖分式。剖分式径向滑动轴承如图 4.2.23 和图 4.2.24 所示，轴承座和剖分式轴瓦均为剖分结构。

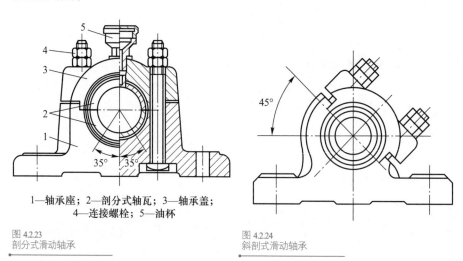

1—轴承座；2—剖分式轴瓦；3—轴承盖；
4—连接螺栓；5—油杯

图 4.2.23
剖分式滑动轴承

图 4.2.24
斜剖分式滑动轴承

剖分式径向滑动轴承克服了整体式滑动轴承装拆不便的缺点，而且在轴瓦工作面磨损后，只要适当减小剖分面间的垫片厚度并进行刮瓦，就可以调整轴颈与轴瓦间的间隙。因此，这种轴承得到了广泛应用，并已标准化。

（3）自动调心式。对于宽径比较大的滑动轴承（$L/D > 1.5$），由于轴的挠曲或轴承孔的同轴度精度较低而造成轴与轴瓦端部边缘产生局部接触，使轴瓦边缘产生局部磨损（图 4.2.25）时，宜采用自动调心滑动轴承，如图 4.2.26 所示。其轴瓦与轴承座配合的外表面制成球面，球面中心恰好在轴线上，当轴颈倾斜时，轴瓦能自动调心。

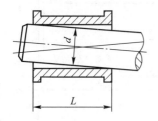

图 4.2.25
轴瓦边缘磨损

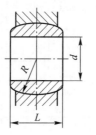

图 4.2.26
自动调心滑动轴承

2. 止推（推力）滑动轴承

推力滑动轴承用于承受轴向载荷，轴承上的约束反力与轴的中心线方向一致。图 4.2.27 所示为立式轴端推力滑动轴承，它由轴承座 1、衬套 2、轴瓦 3、止推瓦 4 和销钉 5 组成。止推轴瓦底部制成球面，可以自动调位来避免偏载。销钉 5 用来防止轴瓦转动。轴瓦 3 用于固定轴的径向位置，同时也可承受一定的径向载荷。润滑油靠压力从底部注入，并从上部油管流出。

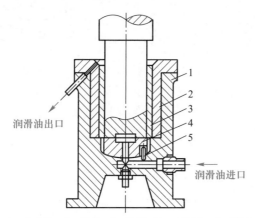

润滑油出口

润滑油进口

1—轴承座；2—衬套；3—轴瓦；4—止推瓦；5—销钉

图 4.2.27
立式轴端推力滑动轴承

二、轴瓦的结构

轴瓦是滑动轴承中直接与轴颈接触的零件，由于轴瓦与轴颈的工作表面间具有一定相对滑动速度，因而，从摩擦、磨损、润滑和导热等方面都对轴瓦的结构和材料提出了要求。

常用的轴瓦结构有整体式和剖分式两类。

整体式轴承采用整体式轴瓦，整体式轴瓦又称轴套，如图 4.2.28 所示。粉末冶金制成的轴套一般不带油沟。

剖分式轴承采用剖分式轴瓦，如图 4.2.29 所示。在轴瓦上开有油孔和油沟，油孔和油沟只能开在不承受载荷的区域，以免降低承载能力，并保证承载区油膜的连续性。油沟的轴向长度应比轴瓦的宽度小，以免油从两端大量流失。为防止轴瓦沿轴向和周向移动，将其两端做成凸缘进行轴向定位，也可用紧定螺钉或销钉将其固定在轴承座上。

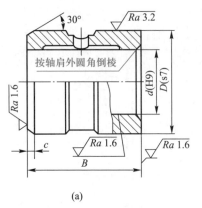

(a)

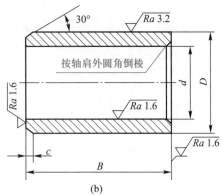

(b)

图 4.2.28
整体式轴瓦

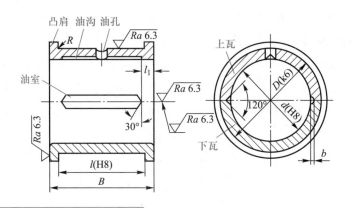

图 4.2.29
剖分式轴瓦

 做一做

1. 型号为 6310 的滚动轴承，其类型为（　　　）。

　　A. 深沟球轴承　　　　B. 调心球轴承　　　　C. 滚针轴承　　　　D. 圆锥滚子轴承

2. 型号为 7315 的滚动轴承，其内径是（　　　）。

　　A. 15mm　　　　　　B. 60mm　　　　　　C. 75mm　　　　　　D. 90mm

3. 一向心角接触球轴承的内径为 85mm，正常宽度，直径系列为 3，公称接触角为 15°，公差等级为 6 级，游隙组别为 2，其代号为（　　　）。

　　A. 7317B/P62　　　　B. 7317AC/P6/C2　　　C. 7317C/P6/C2　　　D. 7317C/P62

4. 角接触球轴承和圆锥滚子轴承的轴向承载能力随公称接触角 α 的减小而（　　　）。

　　A. 增大　　　　　　　　　　　　　　　　B. 减小

　　C. 不变　　　　　　　　　　　　　　　　D. 增大或减小随轴承型号而定

5. 型号为 30312 的滚动轴承，其类型为（　　　）。

    A. 调心滚子轴承　　　　　　　　　　B. 调心球轴承

    C. 向心角接触球轴承　　　　　　　　D. 圆锥滚子轴承

6. 滚动轴承的代号由前置代号、基本代号及后置代号组成，其中基本代号表示
（　　　）。

    A. 轴承的类型、结构和尺寸　　　　B. 轴承组件

    C. 轴承内部结构的变化和轴承公差等级　D. 轴承游隙和配置

7. 代号为 3108、3208、3308 的滚动轴承的 _____ 不相同。

    A. 外径　　　　　　B. 内径　　　　　　C. 精度　　　　　　D. 类型

8. 在下列四种型号的滚动轴承中，必须成对使用的是（　　　）。

    A. 深沟球轴承　　B. 圆锥滚子轴承　　C. 推力球轴承　　D. 圆柱滚子轴承

9. 下列滚动轴承中（　　　）允许的极限转速最高。

    A. 深沟球轴承　　B. 推力球轴承　　C. 角接触球轴承

10. 一般来说，（　　　）更能承受冲击，（　　　）更适合在较高的转速下工作。

    A. 滚子轴承　　　　B. 球轴承

11. 当轴的转速较低，且只承受较大的径向载荷时，宜选用（　　　）。

    A. 深沟球轴承　　B. 推力球轴承　　C. 圆柱滚子轴承　　D. 圆锥滚子轴承

12. 滚动轴承的主要失效形式不包含（　　　）。

    A. 磨损　　　　　　B. 疲劳点蚀　　　　C. 塑性变形　　　　D. 齿面胶合

13. 下面不属于轴承外圈的轴向固定方法的是（　　　）。

    A. 轴肩固定　　　　　　　　　　　　B. 机座孔的台肩固定

    C. 孔用弹性挡圈和孔内凸肩固定　　　D. 轴承端盖固定

14. 一般当轴颈圆周速度不大于（　　　）m/s 时，可用润滑脂润滑。

    A. 3～4　　　　　　B. 4～5　　　　　　C. 5～6

15. 当圆周速度较高时，轴承应采用（　　　）润滑。

    A. 润滑油　　　　　B. 润滑脂　　　　　C. 润滑油和润滑脂

16. 下列密封方式为接触式密封的是（　　　）。

    A. 间隙密封　　　　B. 迷宫式密封　　　C. 皮碗密封

17. 下列机械设备中，（　　　）只宜采用滑动轴承。

    A. 中、小型减速器齿轮轴　　　　　　B. 电动机转子轴

    C. 铁道机车车辆轴　　　　　　　　　D. 大型水轮机主轴

18. 与滚动轴承相比，下述（　　　）不是滑动轴承的优点。

    A. 径向尺寸小　　　　　　　　　　　B. 间隙小、旋转精度高

    C. 运转平稳、噪声低　　　　　　　　D. 可用于高速场合

19. （　　　）是滑动轴承中最重要的零件，它与轴颈直接接触，其工作表面既是承载表
面又是摩擦表面。

    A. 轴承座　　　　　B. 轴瓦　　　　　　C. 油沟　　　　　　D. 密封圈

20. 滚动轴承一般由 _____ 、_____ 、_____ 和_____ 组成。

21. 滚动轴承轴系固定的典型形式有 _____ 、_____ 、_____ 。

22. 滚动轴承常用的润滑剂有 _____ 和 _____ 两大类。

23. 轴承内圈与轴的配合通常采用 _____ 制，轴承外圈与机体壳孔的配合采用 _____ 制。

24. 轴承润滑的目的在于 _____ 。

25. 按轴承所受载荷方向或公称接触角的不同，可把轴承分为哪几类？各有何特点？

26. 什么是滚动轴承的基本额定寿命？什么是滚动轴承的基本额定动载荷？

27. 当量动载荷的意义和用途是什么？如何计算？

28. 滑动轴承有哪些类型？滑动轴承的结构形式有哪几种？各适用于何种场合？

实践与拓展

1. 试说明下列型号轴承的类型、尺寸系列、结构特点、公差等级及适用场合：6005、N209/P6、7207CJ、30209/P5。

2. 观察直齿圆柱齿轮减速器和斜齿圆柱齿轮减速器分别采用哪种类型的轴承，并分析其原因。

项目5 常用机械连接装置

任务 5.1 键连接的分析与应用

子任务 5.1.1 键连接的认知

学习目标

1. 掌握键连接的类型、特点及应用。
2. 能够合理选用键连接。

知识准备

一、键连接的类型

微课
键连接的类型

键是标准零件，通常用来实现轴与轴上零件的周向固定以传递转矩，有的还能实现轴上零件的轴向固定或轴向移动的导向。

键可分为平键、半圆键、楔键和切向键等类型，其中以平键最为常用。

1. 平键连接

平键连接是靠键与键槽侧面的挤压传递转矩的。其结构简单、对中性好、拆装方便，但不能承受轴向力。

平键按用途可分为普通平键、导向平键和滑键三种类型。

（1）普通平键。如图 5.1.1 所示，普通平键属静连接，应用最广泛。按其端部形状不同，普通平键可分为圆头（A 型）、方头（B 型）和单圆头（C 型）三种，如图 5.1.2 所示。

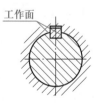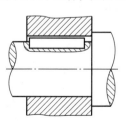

工作面

动画
普通平键

图 5.1.1
普通平键

A 型和 C 型平键分别用于轴的中部和端部，轴上的键槽一般用端铣刀铣出，如图 5.1.3（a）所示。键在键槽中的轴向固定较可靠，但键槽两端的应力集中较大。B 型平键常用于轴的中部，轴上键槽用盘铣刀铣出，如图 5.1.3（b）所示。键槽两端的应力集中较小，但

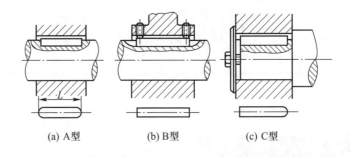

图 5.1.2
普通平键分类

(a) A型　　　　(b) B型　　　　(c) C型

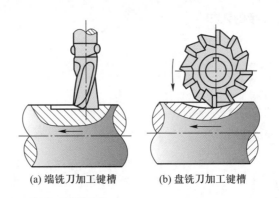

图 5.1.3
轴上键槽的加工

(a) 端铣刀加工键槽　　　　(b) 盘铣刀加工键槽

键在键槽中的轴向固定不可靠，当键的尺寸较大时，需要用紧定螺钉压紧。轮毂上的键槽一般用插刀或拉刀加工。

（2）导向平键。导向平键属动连接，如图 5.1.4 所示，用于轮毂移动距离不大的场合。为了便于拆装，在键上制有起键螺钉孔。

动画
导向平键

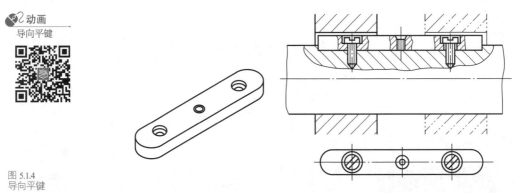

图 5.1.4
导向平键

（3）滑键。滑键属动连接，如图 5.1.5 所示，用于轮毂移动距离较大的场合。滑键通常固定在轮毂上，轮毂带动滑键在轴槽中做轴向移动。

2. 半圆键连接

如图 5.1.6 所示，半圆键连接属静连接，两侧面为工作面。半圆键能绕几何中心摆动，以适应轮毂槽加工误差的斜度。其键槽的加工工艺性好、安装方便、结构紧凑，尤其适用于锥形轴与轮毂的连接。但轴上键槽较深，强度削弱大，主要用于轻载场合。当需要两个半圆键时，键槽应布置在同一素线上。

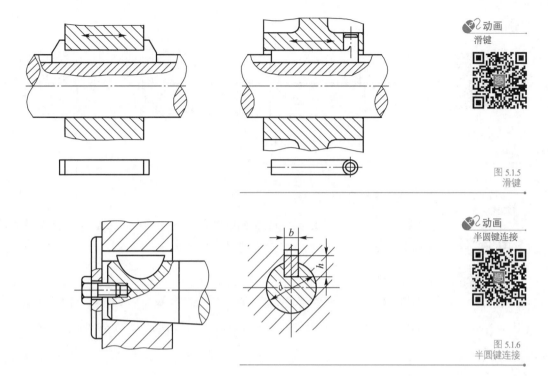

动画
滑键

图 5.1.5
滑键

动画
半圆键连接

图 5.1.6
半圆键连接

3. 楔键连接

楔键连接属于紧键连接，如图 5.1.7 所示。楔键连接是靠键与轴及轮毂槽底之间的摩擦力来传递转矩的，能轴向固定零件，并能承受单向轴向载荷。但楔紧后，轴与轮毂的中心易产生偏心和偏斜，在冲击、振动、变载时容易松动。

楔键连接主要用于对中精度要求不高、载荷平稳、低速场合。为了便于拆装，多用于轴端。

动画
楔键连接

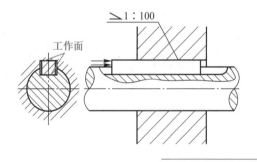

图 5.1.7
楔键连接

4. 切向键连接

切向键连接属于紧键连接，如图 5.1.8 所示，由两个斜度为 1：100 的普通楔键组成。其上、下两面（窄面）为工作面，其中一个工作面在过轴线的平面内，使工作面上的压力沿轴的切向作用，因而能传递很大的转矩。但一个切向键只能传递单向转矩，若要传递双向转矩，则应使用两个切向键，并要相互成 120°～135°角布置。

切向键主要用于轴径大于 100mm、对中精度要求不高而载荷很大的重型机械中。装配时，两个楔键从轮毂两端打入。

动画

切向键连接

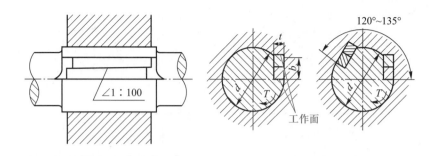

图 5.1.8
切向键连接

微课

键的选择

二、键的选择和强度校核

键是标准件，设计时根据键连接的结构特点、使用要求、工作条件选择键的类型，根据轴的直径选择标准尺寸，然后进行校核。

1. 键的类型选择

选择键的类型时，主要考虑连接的结构、使用要求和工作条件。如传递转矩的大小；是否有冲击、振动；轮毂是否需要轴向移动、移动距离的大小；对中性要求高低等。

2. 键的尺寸选择

根据轴径 d 从标准中选择键的宽 b 和高度 h（表 5.1.1）；键的长度 L 根据轮毂长度确定，$L_{键} = L_{毂} - (5 \sim 10mm)$，并符合标准长度系列。导向型平键的长度则按轮毂长度及轴上零件的移动距离确定，也应符合标准长度系列。

表 5.1.1　键的主要尺寸　　　　　　　　　　　　　　　　　mm

轴径 d	>10～12	>12～17	>17～22	>22～30	>30～38	>38～40	>40～50
键宽 b	4	5	6	8	10	12	14
键高 h	4	5	6	7	8	8	9
键长 L	8～45	10～56	14～70	18～90	22～110	28～140	36～160
轴径 d	>50～58	>58～65	>65～75	>75～85	>85～95	>95～110	>110～140
键宽 b	16	18	20	22	25	28	32
键高 h	10	11	12	14	14	16	18
键长 L	45～180	50～200	56～220	63～250	70～280	80～320	90～360

注：键的长度系列为 8、10、12、14、16、18、20、22、25、28、32、36、40、45、50、63、70、80、90、100、110、125、140、160、180、200、220、250、280、320、360。

【例 5.1.1】　普通平键的标记。

$b=28mm$，$h=16mm$，$L=110mm$ 普通 A 型平键的标记为

GB/T 1096　键 28×16×110

$b=28mm$，$h=16mm$，$L=110mm$ 普通 B 型平键的标记为

GB/T 1096　键 B28×16×110

3. 平键连接的强度校核

平键连接的主要失效形式是键、轴、毂三者中强度较低的零件被压溃（静连接）或磨损（动连接）。平键连接的受力简图如图 5.1.9 所示。

172

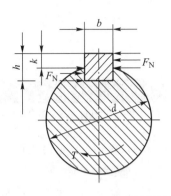

图 5.1.9
平键连接的受力简图

普通平键连接按挤压强度公式校核

$$\sigma_{\mathrm{p}} = \frac{2T}{dkl} \leqslant [\sigma_{\mathrm{p}}]$$　　　　　　（5.1.1）

导向平键或滑键连接为防止过量磨损，使用限压公式校核

$$p = \frac{2T}{dkl} \leqslant [p]$$　　　　　　（5.1.2）

式中：

　　T——传递转矩，单位为 N·mm；

　　k——键与轮毂的接触高度 mm，$k \approx \dfrac{h}{2}$，h 为键高

　　l——键的工作长度 mm，普通 A 型平键 $l=L-b$，普通 B 型平键 $l=L$、普通 C 型平键：

　　　　$l=L-0.5b$，L 和 b 分别为键长和键宽；

　　$[\sigma_{\mathrm{p}}]$——强度较低材料的许用挤压应力，单位为 MPa，见表 5.1.2。

　　通常 $L=(1.6\sim1.8)d$；如不够，可增大至 $L<2.5d$；如果仍不够，可使用相隔 180° 的双键，强度按 1.5 个键计算。

表 5.1.2　键连接的许用挤压应力 $[\sigma_{\mathrm{p}}]$ 和许用压强 $[p]$　　　　MPa

许用值	连接方式	零件材料	载荷性质		
			静	轻微冲击	冲击
$[\sigma_{\mathrm{p}}]$	静连接	钢	125~150	100~120	60~90
		铸铁	70~80	50~60	30~45
$[p]$	动连接	钢	50	40	30

【例 5.1.2】 如图 5.1.10 所示的减速器输出轴与齿轮间的平键连接，已知传递转矩 $T=400$N·m，齿轮宽度 $B=70$mm，齿轮处轴径 $d=45$mm，齿轮的材料为铸钢，轴和键的材料为 45 钢，载荷有轻微冲击。试选择键的类型和尺寸，并进行强度校核。

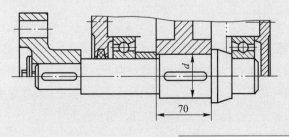

图 5.1.10
减速器输出轴与齿轮间的平键连接

解：计算步骤见表 5.1.3

表 5.1.3　键的选择与强度校核

序号	计算项目	计算内容	计算结果
1	选择键的类型与尺寸	齿轮传动要求对中性好，以免啮合不良，故选用普通 A 型平键连接 根据轴径 d=45mm，查表 5.1.1 得 b=14mm，h=9mm，因齿轮宽度 B=70mm，故取标准键长 L=63mm	GB/T 1096 键 14×9×63
2	校核挤压强度	l=L-b=(63-14)mm=49mm，k=4.5mm，将有关数据代入式（5.1.1）得挤压应力为 $$\sigma_p = \frac{2 \times 400 \times 10^3}{45 \times 4.5 \times 49}MPa = 80.625MPa$$ 由表 5.1.2 查得有轻微冲击时 $[\sigma_p]$=100～120MPa，σ_p<$[\sigma_p]$，所以挤压强度足够	σ_p=80.625MPa 强度足够

子任务 5.1.2　花键连接的认知

微课
花键连接的特点和应用

学习目标

1. 了解花键的分类。
2. 学会正确选择花键。

知识准备

　　如图 5.1.11 所示，在轴上加工出多个键齿称为花键轴，在轮毂孔中加工出多个键槽称为花键孔，二者组成的连接称为花键连接。花键齿的侧面为工作面，靠轴与轮毂齿侧面的挤压传递转矩。

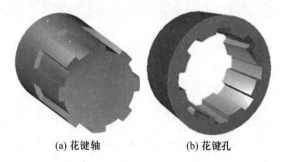

图 5.1.11
花键轴和花键孔

(a) 花键轴　　　　　　　　(b) 花键孔

　　由于是多键传递载荷，因此花键连接比平键连接的承载能力高，对中性和导向性好；由于键槽浅，齿根应力集中小，故对轴的强度削弱小。花键连接一般用于定心精度要求高和载荷大的静连接和动连接，如汽车、飞机和机床等都广泛地应用花键连接。但花键连接的制造需要专用设备，故成本较高，不适用于小批量生产。

花键按齿形不同分为矩形花键和渐开线花键两种。

矩形花键如图 5.1.11 所示，其定心精度高、稳定性好、加工方便，因此应用广泛。国家标准规定，矩形花键采用小径定心，即外花键和内花键的小径为配合面。

渐开线花键如图 5.1.12 所示，其加工工艺与齿轮相同，制造精度高、齿根宽、应力集中小、承载能力大，但加工渐开线花键孔的拉刀制造复杂，成本较高。渐开线花键的定心方式为齿形定心，具有良好的自动对中作用，有利于各键齿均匀受力。

花键连接的选用和强度校核与平键类似（详见机械设计手册）。

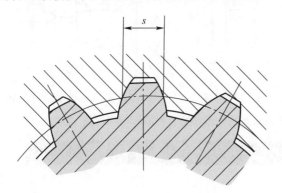

图 5.1.12
渐开线花键

  做一做

1. 键的截面尺寸 $b \times h$ 主要根据（　　）来选择。

　　A. 传递转矩的大小　　　　　　　　　B. 传递功率的大小

　　C. 轮毂的长度　　　　　　　　　　　D. 轴的直径

2. 普通型平键的工作面是（　　）。

　　A. 顶面　　　　　　B. 底面　　　　　　C. 侧面　　　　　　D. 端面

3. 楔键连接的主要缺点是（　　）。

　　A. 键的斜面加工困难　　　　　　　　B. 键安装时易损坏

　　C. 键楔紧后在轮毂中产生初应力　　　D. 轴和轴上零件的对中性差

4. 普通型平键长度的主要选择依据是（　　）。

　　A. 传递转矩的大小　　　　　　　　　B. 轮毂的宽度

　　C. 轴的直径　　　　　　　　　　　　D. 传递功率的大小

5. 半圆键连接以（　　）为工作面。

　　A. 顶面　　　　　　B. 侧面　　　　　　C. 底面　　　　　　D. 以上均不是

6. 普通型平键根据（　　）的不同，分为 A、B、C 型。

　　A. 截面形状　　　　B. 尺寸大小　　　　C. 头部形状　　　　D. 以上均不是

7. 平键有哪几种结构形式？

8. 采用两个平键时，为什么一般布置在同一轴段，且沿周向相隔 180° 的位置？

9. 采用两个半圆键时，为什么要布置在同一轴段的同一素线上？

实践与拓展

1. 指出如图 5.1.13 所示图样中的错误。

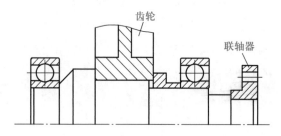

图 5.1.13
指出错误

2. 试选择驱动某电动机与联轴器的平键连接。已知电动机轴的输出转矩 T=50N·m，轴径 d=34mm，铸铁联轴器的轮毂长度为 85mm，载荷有轻微冲击。

任务 5.2　销连接的分析与应用

微课
销连接的分析
与应用

学习目标

掌握销连接的分类、特点与应用。

知识准备

销连接通常用来固定零件间的相互位置，如图 5.2.1（a）所示，是组合加工和装配时的重要辅助零件；也可用于轴与轮毂的连接，以传递不大的载荷，如图 5.2.1（b）所示；还可以用作安全装置中的过载剪断元件，如图 5.2.1（c）所示。

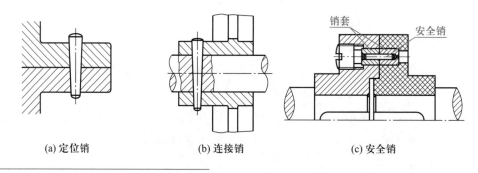

图 5.2.1
销连接
　　　　　(a) 定位销　　　　　　　　(b) 连接销　　　　　　　　(c) 安全销

销为标准件，其材料根据用途可选用 35 钢、45 钢。按形状不同，销可分为圆柱销、圆锥销、开口销、异形销等。

如图 5.2.2（a）所示，圆柱销靠微量过盈固定在铰制孔中，多次拆装后定位精度和连接紧固性会下降。

圆锥销具有 1∶50 的锥度，小头直径为标准值。圆锥销安装方便，且多次装拆对定位精度的影响不大，应用较广。为确保销安装后不致松脱，圆锥销的尾端可制成开口的，如图 5.2.2（b）所示的开尾圆锥销。为方便销的拆卸，圆锥销的小端也可做成带内、外螺纹的形式，如图 5.2.2（c）所示。

动画
圆锥销

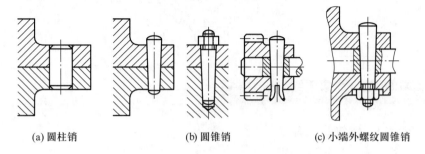

(a) 圆柱销　　　　　　(b) 圆锥销　　　　　(c) 小端外螺纹圆锥销

图 5.2.2
部分销连接

开口销（图 5.2.3）是一种防松元件，需要与其他连接件配合使用。

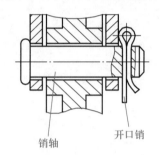

销轴　　　　　开口销

图 5.2.3
销轴及开口销

 做一做

1. 销连接的主要作用是（　　　）。

　　A. 定位　　　　　　　　B. 用作安全装置　　C. 连接轴与轮毂　　D. 以上均是

2. 圆锥销的锥度是（　　　）。

　　A. 1∶60　　　　　　　B. 1∶50　　　　　　C. 1∶40　　　　　　D. 60∶1

3. 为了保证被连接件经多次装拆而不影响定位精度，可以选用（　　　）。

　　A. 圆柱销　　　　　　B. 圆锥销　　　　　　C. 开口销　　　　　　D. 定位销

4. 为使不通孔连接装拆方便，应当选用（　　　）。

　　A. 普通圆柱销　　　B. 普通圆锥销　　　C. 内螺纹圆锥销　　D. 开口销

5. 圆锥销的（　　　）直径为标准值。

　　A. 大端　　　　　　　B. 小端　　　　　　　C. 中部　　　　　　D. 平均

 实践与拓展

如图 5.2.4 所示为一销连接，说明其中圆锥销的作用。

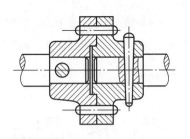

图 5.2.4
销连接

任务 5.3　螺纹连接的分析与应用

子任务 5.3.1　螺纹的认知

学习目标

1. 掌握螺纹的类型。
2. 掌握常用螺纹的特点与应用。
3. 掌握螺纹的主要参数。

知识准备

螺纹连接是利用螺纹零件构成的可拆连接，其结构简单、装拆方便、成本低，广泛用于各类机械设备中。

一、螺纹的类型

螺纹有外螺纹和内螺纹之分，两者共同组成螺纹副，用于连接和传动。

螺纹按旋向不同分为左旋螺纹和右旋螺纹，如图 5.3.1 所示，常用的为右旋螺纹。

按螺旋线数的不同，螺纹可分为单线、双线及多线螺纹，如图 5.3.1 所示，其中单线螺纹最为常见。

螺纹又分为米制和英制两类，我国除管螺纹外，一般都采用米制螺纹。

螺纹轴向剖面的形状称为螺纹的牙型，常用的螺纹牙型有三角形、矩形、梯形、锯齿形等。

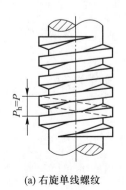
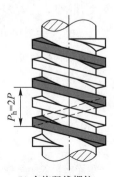

图 5.3.1
螺纹的旋向与线数

(a) 右旋单线螺纹　　　　(b) 左旋双线螺纹

标准螺纹的基本尺寸可查阅有关标准。常用螺纹的类型、特点及应用，见表 5.3.1。

表 5.3.1　常用螺纹的类型、特点及应用

螺纹类型		牙型图	特点及应用
连接螺纹	普通螺纹	 $60°$	牙型为三角形，牙型角 $\alpha=60°$，内外螺纹旋合后存在径向间隙。外螺纹牙根允许有较大的圆角，以减少应力集中。同一公称直径按螺距大小分为粗牙螺纹和细牙螺纹。细牙螺纹的牙型和粗牙相似，但其螺距小、升角小、自锁性较好、强度高，缺点是不耐磨、容易滑扣 一般连接多用粗牙螺纹。细牙螺纹常用于细小零件、薄壁管件或受冲击、振动和变载荷的连接中，也可用作微调机构的调整螺纹
	圆柱管螺纹	 $55°$	牙型为三角形，牙型角 $\alpha=55°$，牙顶有较大的圆角，内外螺纹旋合后无径向间隙，配合紧密性好。管螺纹为英制细牙螺纹，公称直径为管子的内径。适用于压力在 1.6MPa 以下的水、煤气、润滑和电缆管路系统
	圆锥管螺纹	 $55°$　φ	牙型为三角形，牙型角 $\alpha=55°$，螺纹分布在锥度为 1：16 的圆锥管壁上。螺纹旋合后不需要任何填料，利用本身的变形就可以保证连接的紧密性，密封简单可靠。适用于高温、高压或密封性要求高的管路系统
	圆锥螺纹	 $60°$　φ	牙型与55°圆锥管螺纹相似，但牙型角 $\alpha=60°$，螺纹牙型为平顶。适用于汽车、拖拉机、航空机械以及机床的燃料、油、水、气等输送管路系统
传动螺纹	矩形螺纹		牙型为矩形，牙型角 $\alpha=0°$。与其他螺纹传动相比，其传动效率最高。缺点是牙根强度低，由螺纹副磨损造成的间隙难以修复和补偿，传动精度较低。所以通常制成 10° 的牙型角。目前该类型螺纹尚未标准化，已逐渐被梯形螺纹所代替
	梯形螺纹	 $30°$	牙型为等腰梯形，牙型角 $\alpha=30°$，旋合后不易松动。与矩形螺纹相比，其传动效率略低，但工艺性好、牙根强度高、对中性好。如用剖分螺母，还可以调整间隙，是目前最常用的传动螺纹
	锯齿形螺纹	 $3°$　$30°$	牙型为不等腰梯形，工作面的牙型斜角为3°，非工作面的牙型角为30°。外螺纹的牙根有较大的圆角，以减少应力集中。内外螺纹旋合后，外径处无间隙，便于对中。这种螺纹兼有矩形螺纹传动效率高、梯形螺纹牙根强度高的特点；其缺点是只能用于单向受力的传力螺旋中

二、螺纹的主要参数

以图 5.3.2 所示圆柱普通螺纹为例介绍螺纹的主要参数。

1. 大径 d

大径是指与外螺纹牙顶或内螺纹牙底相重合的假想圆柱的直径，是螺纹的最大直径，标准中称为螺纹的公称直径。

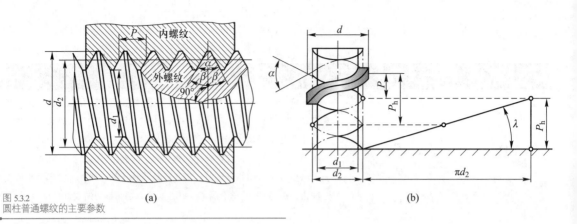

图 5.3.2
圆柱普通螺纹的主要参数

2. 小径 d_1

小径是指与外螺纹牙底或内螺纹牙顶相重合的假想圆柱的直径，是螺纹的最小直径，常作为强度计算直径。

3. 中径 d_2

中径是指在螺纹的轴向剖面内，牙型上沟槽和凸起宽度相等处的假想圆柱体的直径。

4. 螺距 P

螺纹相邻两牙在中径线上对应两点间的轴向距离，称为螺距。

5. 导程 P_h

同一螺旋线上的相邻两牙在中径线上对应两点间的轴向距离称为导程。导程与螺距的关系为 $P_h=nP$，式中 n 为螺纹线数。

6. 升角 λ

升角是在中径圆柱面上，螺旋线的切线与垂直于螺纹轴线的底面间的夹角。其计算公式为

$$\tan\lambda = \frac{P_h}{\pi d_2} = \frac{nP}{\pi d_2}$$

（5.3.1）

一般情况下，$\lambda<6°$ 就可实现自锁，普通螺纹的升角 $\lambda=1.5°\sim3.5°$，所以在静载荷下都能自锁。

7. 牙型角 α

在轴向剖面内，螺纹牙型相邻两侧边之间的夹角称为牙型角 α。牙型侧边与螺纹轴线的垂线间的夹角称为牙型斜角 β，若螺纹为对称牙型，则 $\beta = \frac{\alpha}{2}$，如图 5.3.2（a）所示。

子任务 5.3.2　螺纹连接的认知

 学习目标

1. 掌握螺纹连接的主要类型。

2. 了解常用标准螺纹连接件。

知识准备

一、螺纹连接的主要类型

螺纹连接主要有四种类型：螺栓连接、双头螺柱连接、螺钉连接、紧定螺钉连接。

1. 螺栓连接

螺栓连接是将螺栓穿过被连接件的光孔并用螺母锁紧。这种连接结构简单、装拆方便，故应用广泛。

螺栓连接有普通螺栓连接和六角头加强杆螺栓连接两种类型。如图 5.3.3（a）所示为普通螺栓连接，装配后螺栓杆与被连接件孔壁之间有间隙，工作载荷只能使螺栓受拉伸。如图 5.3.3（b）所示为六角头加强杆螺栓连接，被连接件上的铰制孔和螺栓的光杆部分采用基孔制过渡配合，螺栓杆受剪切和挤压。

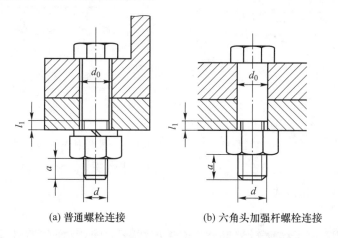

(a) 普通螺栓连接　　　　(b) 六角头加强杆螺栓连接

动画
普通螺栓连接

动画
六角头加强杆
螺栓连接

图 5.3.3
螺栓连接

2. 双头螺柱连接

如图 5.3.4 所示为双头螺柱连接。当被连接件之一较厚而不易制成通孔时，可将其制成螺纹盲孔，另一薄件制成通孔。拆卸时，只需拧下螺母而不必从螺孔中拧出螺柱即可将被连接件分开，可用于经常拆卸的场合。

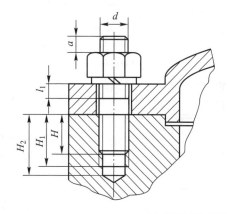

图 5.3.4
双头螺柱连接

3. 螺钉连接

如图 5.3.5 所示为螺钉连接。这种连接不需用螺母，适用于被连接件之一较厚，不易制成通孔，且受力不大、不需要经常拆卸的场合。

4. 紧定螺钉连接

如图 5.3.6 所示为紧定螺钉连接。将紧定螺钉旋入零件的螺孔中，并用螺钉端部顶入另一个零件，以固定两个零件的相对位置，并可传递不大的力或转矩。

动画
螺钉连接

动画
紧定螺钉连接

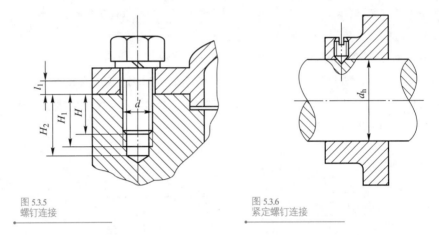

图 5.3.5
螺钉连接

图 5.3.6
紧定螺钉连接

二、标准螺纹连接件

常见的标准螺纹连接件有螺栓、双头螺柱、螺钉、螺母和垫圈等。这些标准螺纹连接件的品种很多，大多已标准化，设计时可根据有关标准选用。常用标准螺纹连接件的图例、结构特点及应用见表 5.3.2。

表 5.3.2　常用标准螺纹连接件

名称		图例	结构特点及应用
六角头螺栓			螺纹精度分 A、B、C 三级，通常 C 级最常用。杆部可以全部有螺纹或只在一段有螺纹
螺柱	A 型		两端均有螺纹，两端螺纹可以相同，也可以不同。使用时将一端拧入厚度大、不便穿透的被连接件中，另一端用螺母锁紧。螺柱有 A 型和 B 型两种结构

续表

名称		图例	结构特点及应用
螺柱	B 型	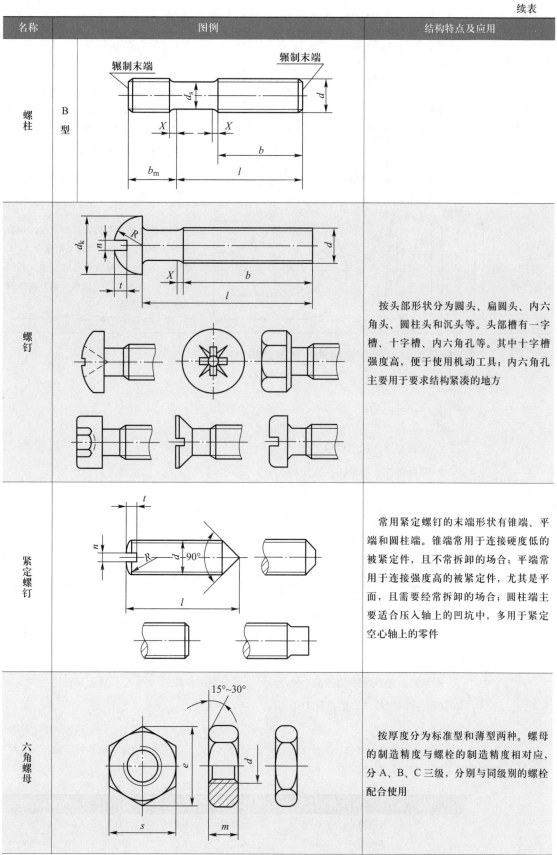	
螺钉			按头部形状分为圆头、扁圆头、内六角头、圆柱头和沉头等。头部槽有一字槽、十字槽、内六角孔等。其中十字槽强度高，便于使用机动工具；内六角孔主要用于要求结构紧凑的地方
紧定螺钉			常用紧定螺钉的末端形状有锥端、平端和圆柱端。锥端常用于连接硬度低的被紧定件，且不常拆卸的场合；平端常用于连接强度高的被紧定件，尤其是平面，且需要经常拆卸的场合；圆柱端主要适合压入轴上的凹坑中，多用于紧定空心轴上的零件
六角螺母			按厚度分为标准型和薄型两种。螺母的制造精度与螺栓的制造精度相对应，分 A、B、C 三级，分别与同级别的螺栓配合使用

名称	图例	结构特点及应用
圆螺母	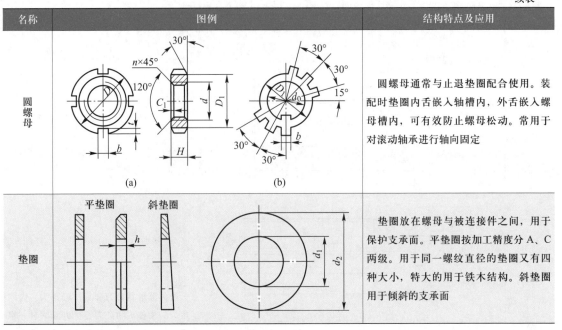 (a)　　　　　(b)	圆螺母通常与止退垫圈配合使用。装配时垫圈内舌嵌入轴槽内，外舌嵌入螺母槽内，可有效防止螺母松动。常用于对滚动轴承进行轴向固定
垫圈	平垫圈　斜垫圈	垫圈放在螺母与被连接件之间，用于保护支承面。平垫圈按加工精度分 A、C 两级。用于同一螺纹直径的垫圈又有四种大小，特大的用于铁木结构。斜垫圈用于倾斜的支承面

子任务 5.3.3　螺纹连接的预紧与防松

 学习目标

1. 掌握螺纹连接的预紧方法。
2. 掌握螺纹连接的防松方法。

 知识准备

一、螺纹连接的预紧

一般螺纹连接在装配的时候都必须拧紧，以增强连接的可靠性、紧密性和防松能力。连接件在承受工作载荷之前预加的作用力称为预紧力。

对于一般连接，可凭经验来控制预紧力 F_0 的大小；对于重要的连接，则要严格控制其预紧力。

拧紧时，用扳手施加拧紧力矩 T，以克服螺纹副中的阻力矩 T_1 和螺母与被连接件支承面间的摩擦阻力矩 T_2，故拧紧力矩为

$$T = T_1 + T_2 = KF_0d \qquad (5.3.2)$$

式中，K 为拧紧力矩系数，见表 5.3.3；F_0 为预紧力单位为 N；d 为螺纹公称直径，单位为 mm。

表 5.3.3　拧紧力矩系数

摩擦表面状态		精加工表面	一般加工表面	表面氧化	镀锌	干燥的粗加工表面
K 值	有润滑	0.10	0.13～0.15	0.20	0.18	—
	无润滑	0.12	0.1～0.21	0.24	0.22	0.26～0.30

预紧力的大小可根据螺栓的受力情况和连接的工作要求决定，一般规定拧紧后预紧力不超过螺纹连接材料屈服强度的 80%。

对于比较重要的连接，可采用指示式扭力扳手来控制拧紧力矩 T 的大小，如图 5.3.7 和图 5.3.8 所示。若不能严格控制预紧力的大小，而只靠安装经验来拧紧螺纹连接件，则不宜采用小于 M12 的螺栓。

图 5.3.7
数显测力矩扳手

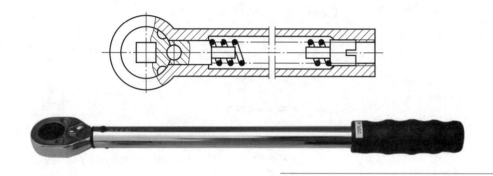

图 5.3.8
定力矩扳手

二、螺纹连接的防松

螺纹连接中常用的单线普通螺纹和管螺纹都能满足自锁条件，在承受静载荷或冲击振动不大、温度变化不大时，不会自行松脱。但在冲击、振动或变载荷情况下以及温度变化较大时，螺纹连接会自动松脱，容易发生事故。因此，设计螺纹连接时必须考虑防松问题。

螺纹连接防松的根本问题在于防止螺纹副的相对转动。防松的方法很多，按工作原理分为四大类：摩擦防松、机械防松、永久防松和化学防松。螺纹连接常用防松方法见表 5.3.4。

微课
螺纹连接的
防松

表 5.3.4　螺纹连接常用防松方法

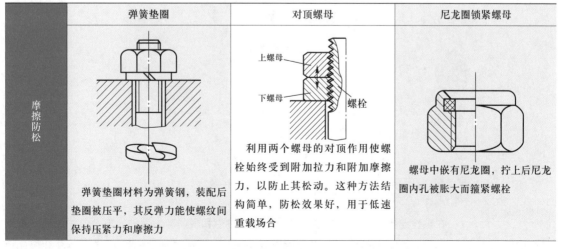

	弹簧垫圈	对顶螺母	尼龙圈锁紧螺母
摩擦防松	弹簧垫圈材料为弹簧钢，装配后垫圈被压平，其反弹力能使螺纹间保持压紧力和摩擦力	利用两个螺母的对顶作用使螺栓始终受到附加拉力和附加摩擦力，以防止其松动。这种方法结构简单，防松效果好，用于低速重载场合	螺母中嵌有尼龙圈，拧上后尼龙圈内孔被胀大而箍紧螺栓

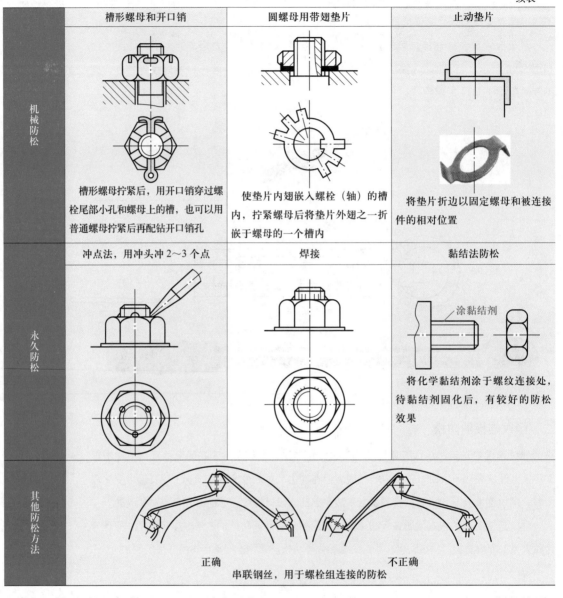

	槽形螺母和开口销	圆螺母用带翅垫片	止动垫片
机械防松	槽形螺母拧紧后，用开口销穿过螺栓尾部小孔和螺母上的槽，也可以用普通螺母拧紧后再配钻开口销孔	使垫片内翅嵌入螺栓（轴）的槽内，拧紧螺母后将垫片外翅之一折嵌于螺母的一个槽内	将垫片折边以固定螺母和被连接件的相对位置
	冲点法，用冲头冲 2～3 个点	焊接	黏结法防松
永久防松			将化学黏结剂涂于螺纹连接处，待黏结剂固化后，有较好的防松效果
其他防松方法	正确　　　　　　　　　　不正确 串联钢丝，用于螺栓组连接的防松		

子任务 5.3.4　螺栓连接的强度计算

 学习目标

1. 会计算受轴向拉伸的螺栓连接的强度。
2. 会计算受剪螺栓连接的强度。

 知识准备

在螺栓连接中，单个螺栓受力分为轴向拉力和横向剪力两种。前者的失效形式多为螺纹部分的塑性变形或断裂，如果连接经常装拆也可能因滑扣而失效。后者在工作时，螺栓接合面处受剪，并与被连接孔相互挤压，其失效形式为螺杆被剪断、螺杆或孔壁被压溃等。根据上述失效形式，对于受轴向拉伸的螺栓，主要是以拉伸强度条件为计算依据；对于受剪螺栓，则是以螺栓的剪切强度条件、螺栓杆或孔壁的挤压强度条件为计算依据。对于螺纹其他各部分的尺寸，通常不需要进行强度计算，可按螺纹的公称直径（螺纹大径）直接从标准中查取。

一、受轴向拉伸的螺栓连接

1. 松螺栓连接

螺栓的强度条件为

$$\sigma=\frac{F_{\mathrm{p}}}{\pi d_1^2/4}\leqslant[\sigma]\tag{5.3.3}$$

式中，d_1 为螺纹小径，单位为 mm；F_{p} 为螺纹承受的轴向工作载荷，单位为 N；$[\sigma]$ 为松螺栓连接的许用应力，单位为 MPa。

图 5.3.9 所示为起重吊钩尾部的螺纹连接。螺栓装配时，螺母不需要拧紧，在承受工作载荷之前螺栓并不受力，螺栓的轴向工作载荷由外载荷确定，即 $F_{\mathrm{p}}=F$。

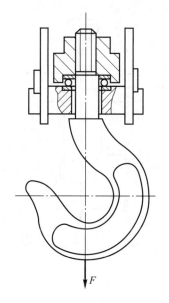

动画
起重吊钩

图 5.3.9
起重吊钩

2. 紧螺栓连接

（1）只受预紧力的紧螺栓连接。其拧紧时，螺栓既受拉伸，又因旋合螺纹副中摩擦阻力矩的作用而受扭转，故在危险截面上既有拉应力，又有扭转剪应力。考虑到预紧力及拧紧过程中的受载，根据第四强度理论，对于具有标准普通螺纹的螺栓，其螺纹部分的强度条件可简化为

$$\sigma_{\mathrm{e}}=\frac{1.3\times4F_0}{\pi d_1^2}\leqslant[\sigma]\tag{5.3.4}$$

式中，σ_{e} 为螺栓的当量拉应力；F_0 为预紧力；其他符号的含义同式（5.3.3）。

图 5.3.10 所示为接合面内受转矩 T 作用的普通螺栓连接,工作转矩 T 也是靠接合面的摩擦力来传递的。

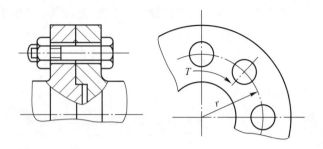

图 5.3.10
受转矩 T 作用的紧螺栓连接

（2）受横向外载荷的紧螺栓连接。载荷方向与螺栓轴向垂直,靠与被连接件间的摩擦力传递转矩。螺栓受载前需要预紧,受载前后受力相同。螺栓内部危险截面上既有轴向预紧力 F_0 形成的拉应力,又有因螺栓与螺纹牙面间的摩擦力矩 T_1 而形成的扭转剪应力。

图 5.3.11 所示为受横向外载荷的普通螺栓连接,外载荷 F 与螺栓轴线垂直,螺栓杆与孔之间有间隙。螺栓预紧力为

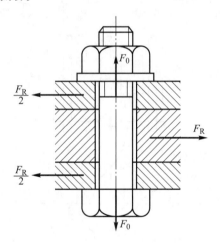

图 5.3.11
受横向外载荷的普通螺栓连接

$$F_0 = \frac{K_t F_R}{fm} \tag{5.3.5}$$

式中,F_R 为横向外载荷;f 为接合面的摩擦系数;m 为接合面的数目;K_t 为可靠性系数,通常取 $K_t = 1.1 \sim 1.3$。

将计算结果 F_0 代入式（5.3.4）可对螺栓进行强度校核。

（3）受轴向静载荷的紧螺栓连接。如图 5.3.12 所示,载荷方向与螺栓轴向一致,螺栓受载前需要预紧,受载前后受力不同,螺栓内部危险截面上同样既有拉应力 σ,又有扭转剪应力 τ。

其强度条件为

$$\sigma = \frac{1.3 F_\Sigma}{\pi d_1^2 / 4} \leqslant [\sigma] \tag{5.3.6}$$

式中,F_Σ——螺栓受载后所受的轴向总拉力。

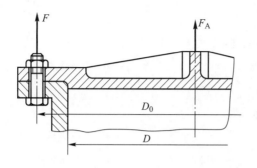

图 5.3.12
气缸盖螺栓连接

通过对受载前螺栓的预紧和受载后螺栓轴向拉力的分析，可知

$$F_\Sigma = F + F_0'$$ （5.3.7）

式中，F 为单个螺栓所受的轴向载荷；F_0' 为残余轴向预紧力，对于一般连接，若工作载荷稳定，则取 $F_0' = (0.2 \sim 0.6)F$；对于气缸、压力容器等有紧密性要求的螺栓连接，取 $F_0' = (1.5 \sim 1.8)F$。

二、受剪螺栓连接

螺栓受载前后不需要预紧，靠螺栓杆与螺栓孔壁之间的相互挤压传递横向载荷，如图 5.3.13 所示。因此，应分别按工程力学中的挤压及剪切强度条件进行计算。

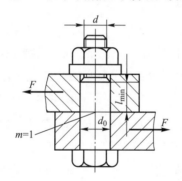

图 5.3.13
铰制孔螺栓连接

螺栓杆与孔壁间的挤压强度条件为

$$\sigma_p = \frac{F}{d_0 \delta} \leqslant [\sigma_p]$$ （5.3.8）

剪切强度条件为

$$\tau = \frac{F}{m \pi d_0^2 / 4} \leqslant [\tau]$$ （5.3.9）

式中，F 为横向载荷；d_0 为螺杆的直径；m 为螺栓受剪面的数目；δ 为螺栓杆与孔壁接触面的最小长度。

 做一做

1. 螺纹的公称直径是（　　　）。

A. 大径 B. 中径 C. 小径 D. 分度圆直径

2. 在常用的螺纹连接中，自锁性能最好的是（　　　）。

A. 三角形螺纹 B. 梯形螺纹

C. 锯齿形螺纹 D. 矩形螺纹

3. 单线螺纹的螺距（　　　）。

A. 等于导程 B. 大于导程

C. 小于导程 D. 与导程无关

4. 用于连接的螺纹，其牙型为（　　　）。

A. 矩形 B. 三角形 C. 锯齿形 D. 梯形

5. 当两个被连接件之一太厚，不易制成通孔，且连接不需要经常拆装时，宜采用（　　　）。

A. 螺栓连接 B. 螺钉连接

C. 双头螺柱连接 D. 紧定螺钉连接

6. 在被连接件之一的厚度较大，且需要经常装拆的场合，宜采用（　　　）。

A. 普通螺栓连接 B. 双头螺柱连接

C. 螺钉连接 D. 紧定螺钉连接

7. 螺纹连接预紧的目的是（　　　）。

A. 增强连接的可靠性 B. 增强连接的密封性

C. 防止连接自行松脱 D. 提高疲劳强度

8. 在螺栓连接中，有时在一个螺栓上采用双螺母，其目的是（　　　）。

A. 提高强度 B. 提高刚度

C. 防松 D. 减小每圈螺纹牙上的受力

9. 螺纹连接防松的根本问题在于（　　　）。

A. 增加螺纹连接的轴向力 B. 增加螺纹连接的横向力

C. 防止螺纹副的相对转动 D. 增加螺纹连接的刚度

10. 按用途不同，螺纹可分为＿＿＿＿＿、＿＿＿＿＿、＿＿＿＿＿和＿＿＿＿＿等。

11. 按螺旋线的旋向，螺纹可分成＿＿＿＿＿和＿＿＿＿＿。

12. 在国家标准中规定，普通螺纹的牙型角为＿＿＿＿＿。

13. 国家标准规定，普通螺纹的公称直径是指＿＿＿＿＿＿＿＿＿＿的公称尺寸。

14. 螺纹的主要参数有哪些？常用的螺纹连接件有哪几种？各用于什么场合？

 实践与拓展

"螺纹连接的预紧力越大，连接的可靠性就越高。"这种说法对不对？请在实践中加以验证。

学习目标

1. 熟悉常见刚性挠性联轴器的类型。
2. 会正确选用联轴器。

知识准备

联轴器主要用于连接两轴，使两轴一起转动并传递转矩。只有在机器停车后拆开联轴器，才能将用联轴器连接的两轴分离。

联轴器所连接的两根轴，由于制造、安装等原因，常产生相对位移，如图 5.4.1 所示，这就要求联轴器在结构上具有补偿一定范围位移量的能力。

根据其是否包含弹性元件，可将联轴器分为刚性联轴器和挠性联轴器两大类。

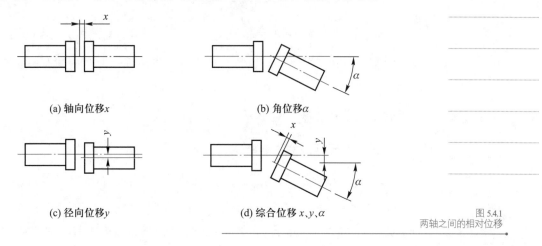

(a) 轴向位移 x (b) 角位移 α

(c) 径向位移 y (d) 综合位移 x、y、α

图 5.4.1
两轴之间的相对位移

一、刚性联轴器

1. 套筒联轴器

套筒联轴器是用一个套筒，通过键或销等零件把两轴连接起来，如图 5.4.2 所示。其结构简单，径向尺寸小，但传递转矩较小，不能缓冲、吸振，两轴线要求严格对中，装拆时应做轴向移动。通常用于工作平稳，无冲击载荷的低速、轻载、直径不大于 100mm 的小尺寸轴连接。当机械过载时，销被剪断，也可用作安全联轴器。

2. 凸缘联轴器

凸缘联轴器是由两个带有凸缘的半联轴器用键及螺栓连接组成的，如图 5.4.3 所示。其结构简单，能传递较大的转矩，对中精确可靠，但不能缓冲吸振。主要用于连接的两轴能严格对中、转矩较大、载荷平稳的场合。

凸缘联轴器的结构分 YLD 型和 YL 型两种，图 5.4.3（a）所示的 YLD 型结构是利

动画
套筒联轴器

图 5.4.2
套筒联轴器

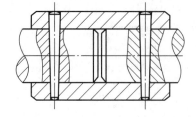 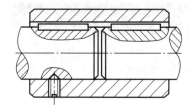

动画
凸缘联轴器

图 5.4.3
凸缘联轴器

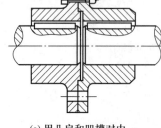

(a) 用凸肩和凹槽对中　　　(b) 用六角头加强杆螺栓连接对中

用两半联轴器的凸肩和凹槽定心，装拆时轴需做轴向移动，多用于不常拆卸的场合。图 5.4.3（b）所示的 YL 型结构是利用六角头加强杆螺栓定心，其装拆方便，可用于经常装拆的场合。

二、挠性联轴器

（一）无弹性元件挠性联轴器

1. 十字滑块联轴器

动画
十字滑块联轴器

十字滑块联轴器由两个端面开有径向凹槽的半联轴器和一个具有相互垂直的凸榫的中间滑块组成，如图 5.4.4 所示。由于滑块能在半联轴器的凹槽中滑动，故可补偿安装和运转时两轴间的径向位移。

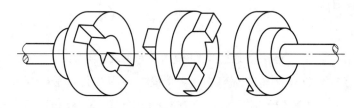

图 5.4.4
十字滑块联轴器

十字滑块联轴器结构简单、径向尺寸小，但不耐冲击、易于磨损，适用于低速（$n<300r/min$）、两轴线的径向位移量 $y\leqslant0.04d$（d 为轴的直径）、传递转矩较大的两轴的连接，如带式运输机的低速轴。

2. 齿式联轴器

齿式联轴器由两个带有内齿和凸缘的外套筒 3 和两个带有外齿的内套筒 1 组成，如

图 5.4.5 所示。两个内套筒 1 分别用键与主、从动轴相连，两个外套筒 3 用螺栓 5 连成一体，依靠内、外齿相啮合传递转矩。

由于内、外齿啮合时具有较大的顶隙和侧隙，因此，这种联轴器具有径向、轴向和角度等综合补偿功能，且补偿位移功能强、传递转矩大，常用于重型机械中，但其结构复杂、笨重，制造成本高。

3. 万向联轴器

万向联轴器是由两个叉形接头 1、3 和十字销 2 铰接而成的，如图 5.4.6 所示。它主要用于两轴有较大偏斜角的场合，两轴间的夹角 α 最大可达 35°～45°，但当夹角过大时，传动效率将明显降低。这种联轴器也称单万向联轴器。

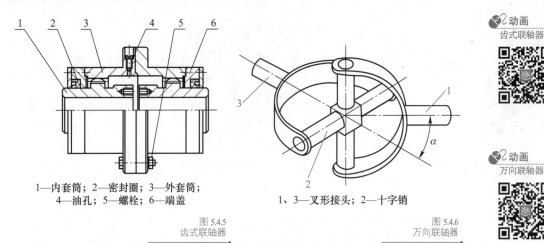

1—内套筒；2—密封圈；3—外套筒；
4—油孔；5—螺栓；6—端盖

图 5.4.5
齿式联轴器

1、3—叉形接头；2—十字销

图 5.4.6
万向联轴器

动画
齿式联轴器

动画
万向联轴器

单万向联轴器的主要缺点是当两轴夹角 $\alpha \neq 0$ 时，如果主动轴以匀角速度 ω_1 转动，从动轴的瞬时角速度 ω_2 将发生周期性变化，从而引起附加动载荷。为了改善这种情况，常将万向联轴器成对使用，组成双万向联轴器。双万向联轴器在安装时应保证主、从动轴与中间轴的夹角相等，而且中间轴的两端叉形接头应在同一平面内，如图 5.4.7 所示，这样便可以使主、从动轴的角速度相等。

万向联轴器的结构紧凑，维修方便，能补偿较大的角位移，被广泛用于汽车、轧钢机、工程、矿山及其他重型机械的传动系统中。

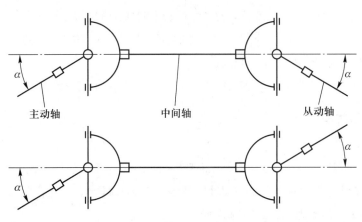

主动轴　　　　　中间轴　　　　　从动轴

图 5.4.7
双万向联轴器的安装

（二）有弹性元件挠性联轴器

有弹性元件挠性联轴器可分为金属弹性元件挠性联轴器和非金属弹性元件挠性联轴器两类。常用的有弹性套柱销联轴器和弹性柱销联轴器。

1. 弹性套柱销联轴器

如图 5.4.8 所示为弹性套柱销联轴器，其构造与凸缘联轴器相似，不同之处是用带有弹性套的柱销代替了连接螺栓。

这种联轴器结构简单、装拆方便、易于制造，但弹性套容易磨损和老化，因此寿命较短。它适用于正反转变化频繁、载荷较平稳、传递中小功率的场合，使用温度在 -20℃～50℃ 范围内。

动画
弹性套柱销联轴器

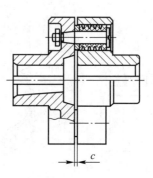

图 5.4.8
弹性套柱销联轴器

2. 弹性柱销联轴器

如图 5.4.9 所示，弹性柱销联轴器与弹性套柱销联轴器很相似，只是用尼龙柱销代替了弹性套柱销。它利用弹性柱销将两个半联轴器连接起来，使其传递转矩的能力增大。为防止柱销脱落，两侧装有挡板。柱销可用尼龙，也可用酚醛布棒等其他材料制造。

动画
弹性柱销联轴器

这种联轴器较弹性套柱销联轴器传递转矩的能力大，结构更为简单，安装、制造方便，寿命长，也有一定的缓冲和吸振能力，允许被连接两轴间有一定的轴向位移以及少量的径向位移和角位移，适用于轴向窜动较大、正反转变化和起动频繁的场合。由于尼龙对温度较敏感，故使用温度限制在 -20～70℃ 范围内。

3. 轮胎式联轴器

轮胎式联轴器如图 5.4.10 所示，用橡胶或橡胶织物制成轮胎状的弹性元件，两端用压板及螺钉分别压在两个半联轴器上。这种联轴器的弹性变形大，具有良好的吸振能力，能有效地降低载荷和补偿较大的相对位移。

轮胎式联轴器适用于起动和正反转变化频繁、冲击和振动严重的场合。

三、联轴器类型的选择

微课
联轴器类型的选择

联轴器大多已标准化，其主要性能参数有额定转矩 T、许用转速 $[n]$、位移补偿量和被连接轴的直径范围等。选用联轴器时，通常先根据使用要求和工作条件确定合适的类型，再按转矩、轴径和转速选择联轴器的型号，必要时应校核薄弱件的承载能力。

选择联轴器的类型时可参考下述原则：

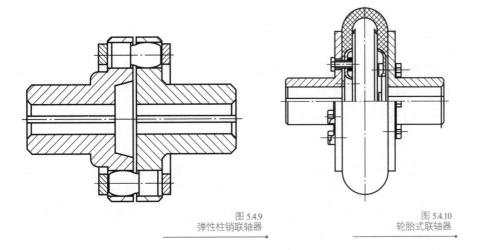

图 5.4.9
弹性柱销联轴器

图 5.4.10
轮胎式联轴器

（1）对于低速、重载、要求对中、刚性大的轴，可选用刚性联轴器，如凸缘联轴器。

（2）对于低速、刚性小、有偏斜的轴，可选用挠性联轴器，如十字滑块联轴器、齿式联轴器或弹性套柱销联轴器。

（3）对于高速、变载、起动频繁的轴，最好选用具有缓冲及减振性能的有弹性元件挠性联轴器。

四、联轴器的型号和尺寸要求

考虑工作机起动、制动、变速时的惯性力和冲击载荷等因素，应按计算转矩 T_c 选择联轴器。计算转矩 T_c 和工作转矩 T 之间的关系为

$$T_c = KT \tag{5.4.1}$$

式中，T_c 为计算转矩；T 为工作转矩；K 为载荷系数，见表 5.4.1。

表 5.4.1　载荷系数 K 值

原动机	工作机	K
电动机	带式运输机、连续运转的金属切削机床	1.25～1.5
	链式运输机、刮板运输机、离心泵、木工机床	1.5～2.0
	往复运动的金属切削机床	1.5～2.5
	往复式泵、往复式压缩机、球磨机、破碎机、冲剪床	2.0～3.0
	起重机、升降机、轧钢机	3.0～4.0
汽轮机	发电机、离心泵、鼓风机	1.2～1.5
往复式发动机	发电机	1.5～2.0
	离心泵	3～4
	往复式工作机（如压缩机、泵）	4～5

在选择联轴器型号时，必须同时满足以下条件

$$T_c \leqslant T_n \tag{5.4.2}$$

$$n \leqslant [n] \tag{5.4.3}$$

式中，T_n 为联轴器的额定转矩，单位为 N·mm；

$[n]$ 为许用转速，单位为 r/min。

T_n 和 $[n]$ 的值可在相关手册中查出。

做一做

1. 两轴的角位移达 30°，这时宜采用（　　　）联轴器。

A. 凸缘　　　　　　　B. 齿轮　　　　　　　C. 弹性套柱销　　　D. 万向

2. 高速重载且不易对中处常用的联轴器是（　　　）联轴器。

A. 凸缘　　　　　　　B. 十字滑块　　　　　C. 齿轮　　　　　　D. 万向

3. 齿轮联轴器对两轴的（　　　）偏移具有补偿能力。

A. 径向　　　　　　　B. 轴向　　　　　　　C. 角　　　　　　　D. 综合

4. 下列联轴器中，能补偿两轴的相对位移并可缓冲、吸振的是（　　　）联轴器。

A. 凸缘　　　　　　　B. 齿式　　　　　　　C. 万向　　　　　　D. 弹性柱销

5. 在载荷不平稳且具有较大的冲击和振动的场合下，宜选用（　　　）联轴器。

A. 固定式刚性　　　　B. 可移式刚性　　　　C. 弹性　　　　　　D. 安全

6. 在下列联轴器中，通常所说的刚性联轴器是（　　　）联轴器。

A. 齿式　　　　　　　B. 弹性套柱销　　　　C. 弹性柱销　　　　D. 凸缘

7. 选择联轴器型号的依据是（　　　）

A. 计算转矩、转速和两轴直径　　　　　　B. 计算转矩和转速

C. 计算转矩和两轴直径　　　　　　　　　D. 转速和两轴直径

8. 对于工作中载荷平稳、不发生相对位移、转速稳定且对中性好的两轴，宜选用（　　　）联轴器。

A. 刚性凸缘　　　　　B. 万向　　　　　　　C. 弹性套柱销　　　D. 齿式

9. 在下列联轴器中，有弹性元件的挠性联轴器是（　　　）联轴器。

A. 夹壳　　　　　　　B. 齿式　　　　　　　C. 弹性柱销　　　　D. 凸缘

10. 联轴器型号是根据计算转矩、转速和 _____ 从标准中选取的。

11. 用 _____ 连接的两根轴在机器运转时不能分开。

12. 联轴器用来连接不同部件之间的两根轴，使其一同旋转并传递 _____。

13. 在下列工况下，选择哪类联轴器较好？

（1）载荷平稳，冲击轻微，两轴易于准确对中，同时希望联轴器寿命较长。

（2）载荷比较平稳，冲击不大，但两轴轴线具有一定程度的相对偏移。

（3）载荷不平稳且具有较大的冲击和振动。

（4）机器在运转过程中载荷较平稳，但可能产生很大的瞬时过载而导致机器损坏。

实践与拓展

观察常用机器中的联轴器所连接两轴的偏移形式。假设联轴器不能补偿偏移，工作时机器会发生什么情况？

任务 5.5　离合器的分析与应用

学习目标

1. 掌握牙嵌离合器的结构、特点与应用。
2. 掌握摩擦离合器的结构、特点与应用。

知识准备

微课
离合器的选择

　　离合器主要用于机械运转过程中随时需要将主、从动轴接合或分离的场合。根据工作原理不同，离合器可分为啮合式和摩擦式两类，它们分别利用啮合力和工作面间的摩擦力传递转矩。

一、啮合式离合器

　　如图 5.5.1 所示的牙嵌离合器是一种啮合式离合器，它是由两个端面带牙的半离合器 1、2 组成的，一半离合器 1 用键紧配在主动轴上，另一半离合器 2 用导向平键 3 与从动轴连接，并可通过操纵系统拨动滑环 4 使其做轴向移动，使离合器分离或接合。为了保证两轴能很好地对中，在主动轴上的半离合器内装有对中环 5，从动轴可在对中环内自由转动。

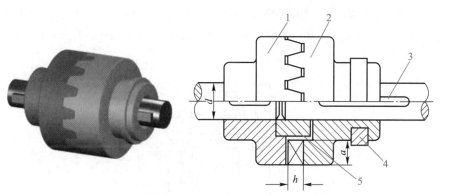

动画
牙嵌离合器

1、2—半离合器；3—导向平键；4—滑环；5—对中环

图 5.5.1
牙嵌离合器

　　牙嵌离合器结构简单、外廓尺寸小，接合后可保证主、从动轴同步运转，但只宜在两轴低速或停机时接合，以避免因冲击而折断牙齿。

二、摩擦离合器

　　摩擦离合器是依靠主、从动盘接触面间的摩擦力来传递转矩的。它可分为单片式和多片式两种。

　　如图 5.5.2 所示为单片圆盘摩擦离合器。圆盘 1 用平键与主动轴紧连接，圆盘 2 用导向平键 3 与从动轴连接，并通过操纵系统拨动滑环 4 使其轴向移动来使离合器分离或接合。

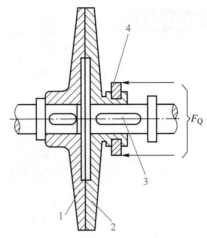

1、2—圆盘；3—导向平键；4—滑环

图 5.5.2
单片圆盘摩擦离合器

轴向压力 F_Q 使两圆盘压紧以产生摩擦力。摩擦离合器在正常接合过程中，从动轴转速从零逐渐加速到主动轴的转速，因而两摩擦面不可避免地会发生相对滑动，这种相对滑动要消耗一部分能量，并引起摩擦片的磨损和发热。因此，单片圆盘摩擦离合器多用于所传递转矩较小的轻型机械。

如图 5.5.3 所示为多片圆盘摩擦离合器。主动轴 1 用键与外壳 2 相连接，一组外摩擦片 4 的外圆与外壳之间通过花键连接，组成主动部分，如图 5.5.3（b）所示。从动轴 10 也用键与套筒 9 相连接，另一组内摩擦片 5 的内圈与套筒之间也通过花键连接，组成从动部分，如图 5.5.3（c）所示。两组摩擦片交错排列，当滑环 7 沿轴向移动时，将拨动曲臂压

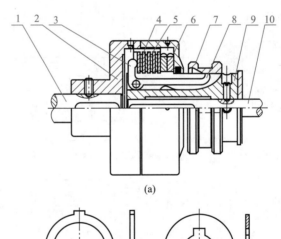

(a)

(b)　　(c)　　(d)

1—主动轴；2—外壳；3—压板；4、5—摩擦片；
6—调节螺母；7—滑环；8—压杆；9—套筒；10—从动轴

图 5.5.3
多片圆盘摩擦离合器

杆 8，使压板 3 压紧或松开两组摩擦片，从而调整两者之间的间隙大小，以实现调节摩擦片间压力的目的。

　　与牙嵌离合器相比，摩擦离合器的优点为：① 在任何速度下，两轴都可以接合或分离；② 结合平稳，冲击、振动较小；③ 过载时摩擦面打滑，可保护重要零件不致损坏。其缺点是：① 外廓尺寸较大；② 在接合、分离过程中，因产生滑动摩擦而导致磨损和发热量较大，一般对钢制摩擦片限制其表面最高温度不超过 300～400℃。

做一做

1. 联轴器与离合器的主要作用是（　　　　）。

　　A. 缓冲、减振　　　　　　　　　B. 传递运动和转矩

　　C. 防止机器发生过载　　　　　　D. 补偿两轴的不同心或热膨胀

2. （　　　）离合器在运动接合时冲击较大。

　　A. 牙嵌　　　　　　B. 圆盘摩擦　　　　　C. 磁粉

3. （　　　）离合器常用于经常起动、制动或需要频繁改变速度大小和方向的机械中。

　　A. 摩擦　　　　　　B. 齿形　　　　　　C. 牙嵌

4. （　　　）离合器具有过载保护作用。

　　A. 齿形　　　　　　B. 超越　　　　　　C. 摩擦

5. 离合器分为 _____ 离合器和 _____ 离合器两大类。

6. 联轴器和离合器的功用是什么？两者的功用有何异同？

实践与拓展

对汽车离合器的性能要求有哪些？

参考文献

［1］刘慧，牟红霞．机械设计基础［M］．北京：教育科学出版社，2015．

［2］刘赛堂，李永敏．机械设计基础［M］．北京：科学出版社，2010．

［3］陈立德，罗卫平．机械设计基础［M］．5 版．北京：高等教育出版社，2019．

［4］陈长生．机械基础［M］．2 版．北京：机械工业出版社，2018．

［5］闻邦椿．机械设计手册［M］．6 版．北京：机械工业出版社，2018．

［6］成大先．机械设计手册［M］．5 版．北京：化学工业出版社，2008．

［7］徐锦康．机械原理［M］．北京：机械工业出版社，2002．

［8］濮良贵，陈国定，吴立言．机械设计［M］．9 版．北京：高等教育出版社，2013．

［9］陈立德，姜小菁．机械设计基础［M］．北京：高等教育出版社，2014．

［10］胡家秀．机械设计基础［M］．3 版．北京：机械工业出版社，2019．

［11］康一．机械基础［M］．北京：机械工业出版社，2017．

［12］熊玲鸿，颜颖，曹瑞香．机械设计基础项目化教程［M］．南京：东南大学出版社，
    2015．

［13］胡家秀．机械基础［M］．北京：机械工业出版社，2009．

［14］李海萍．机械设计基础［M］．北京：机械工业出版社，2011．

［15］高建中，刘芬．机械设计基础［M］．济南：山东科学技术出版社，2010．

［16］栾学钢．机械设计基础［M］．北京：高等教育出版社，2001．

［17］张淑敏．新编机械设计基础（机构分析与应用）［M］．北京：机械工业出版社，2012．

［18］李育锡．机械设计基础［M］．北京：高等教育出版社，2007．

［19］李国斌，梁建和．机械设计基础［M］．北京：清华大学出版社，2007．

［20］丁洪生．机械设计基础［M］．北京：机械工业出版社，2004．